ADVANCED MANUAL
FOR INTERIOR DESIGNERS

陈设设计
×
方案设计
×
空间破局
×
创意概念

好设计
是这样炼成的
——室内设计师进阶手册

赵策明 著

U0283859

江苏凤凰科学技术出版社

目 录

第一章　室内设计行业介绍

室内设计是什么？

室内设计是一种有目的的创作行为，通常分为两个层面：行为活动和造物活动。前者是对环境进行预先计划，经过周密的设想和计算来满足人们的需求。后者是为改善生存环境而进行有目的的造物活动，即室内设计。

日本中生代国际级平面设计大师、日本设计中心的代表、武藏野美术大学教授原研哉说过："设计的原点不是产品，而是人——创造出用着顺手的东西，创造出良好的生活环境，并由此感受到生活中的喜悦。"

室内设计包含很多方面。从空间来说，很多人对室内设计的认识比较狭隘，实际上它不仅包含家庭装修，还包含各种公共空间的设计，比如学校、图书馆、医院、商业场所、办公空间、餐饮娱乐空间和酒店民宿等。从专业角度来说，室内设计也涉及建筑结构、机电、暖通、灯光、哲学、美学、艺术学、心理学、管理学、经济学和方法学等。

因此对于室内设计师来说，他们需要有足够的底蕴才能设计出优秀的作品。

第一节　　如何正确理解室内设计师

作为一名室内设计从业者，到底该如何理解"设计"？不同类型的设计公司对设计师的定义是不同的。比如机电设计师、智能控制设计师、暖通设计师、给水排水设计师、绿植设计师、木作设计师和厨房设计师等，在行业内，这些职位都称为"设计师"，但每一个类别所做的设计又有所不同。这种情况的出现，让一些本来方向就不明确的室内设计从业者更加迷茫。另外，在市场大环境下，由于身边有太多带有销售性质的"设计师"，会给刚入门的从业者造成一种错觉，认为设计和销售挂钩、设计是销售的进化版。

事实上，室内设计师是从事室内设计工作的专业人员，工作重点是把用户的需求转化成事实，着重与用户进行沟通，了解用户的期望，在有限的空间、时间、技术、工艺、物料、成本等条件下，创造出实用与美观并重的全新空间。设计师（**为便于叙述，后文中的"设计师"若无特别指出，均指室内设计师**）的作用贯穿整个项目全程，通过一系列步骤让项目按照预期设想一步步落地，所以设计师并不是只负责某个阶段，后面便撒手不管了。同时，从职责经验来讲，设计师更需要重视怎样维持从构思到落地的平稳持续，而非设计上的奇思妙想及娴熟的软件操作能力。

"设计"两字，承载的意义繁多，一到落地又异常琐碎，个人建议设计师要以宏观的视角去理解设计，同时也要带着微观和落地的心态去做好设计。

这里说一句，设计师虽然主攻设计，但仍要与销售加强合作。在项目进程中互相理解对方的难处，只有尊重对方的工作和时间，才会获得别人的尊重。要心怀感恩，回馈他人的帮助。做成一个项目，功劳并不只属于个人，要承认其他人的功劳。如果有问题，可以在适当的场合进行沟通。

第二节　室内设计师的职能和成长

本节讲一讲室内设计师的职能与成长阶段。

一、室内设计师的职能

目前而言，室内设计行业在住宅部分有较为一致的职能划分：方案设计师、效果图设计师、深化设计师和陈设设计师等。

1. 方案设计师

方案设计师的核心工作是在现有的建筑基础和用户需求上分析优先级，给出一套行之有效的方案。一个真正意义上的方案设计师，其实是一个综合能力比较均衡，既熟悉各种材料和施工工艺，又了解机电、灯光和陈设布置等的设计师，相对来说要求较高。

因此方案设计师的主要职能是：确定影响规划内部环境的因素，如预算、美观偏好、目的和功能等，通过协商确定需求，并以粘贴或绘画的形式呈现设计理念，使用计算机设计软件（AutoCAD）和其他相关软件（如 SketchUp）生成施工文件并画出详细或技术性的插图等；向用户说明设计缘由，审查核实相关施工图和技术图纸，并确认详细的规格信息；估算材料需求和成本，并与用户进行确认；

与供应商和相关辅助人员等协调工作，确保项目顺利实施，协调施工进程和工种配合；负责地毯、配件、布料、涂料、墙面、艺术作品、家具和相关物品的分包制作、安装和布置，协调施工和安装活动，制订切实可行的环保计划，选择购买或设计家具、艺术品和配件等。

2. 效果图设计师

核心工作是将方案设计师在初扩阶段产出的概念方案用明确的材质基础表现得更为真实具体。所以，效果图设计师的主要职能是：确定概念方案里各个空间的参考图是否齐备，参考图中的重点是哪些，材质上有哪些要求，各材质之间的衔接是否有明确的说明，空间中哪些部分要作为视觉焦点，哪些模型需要重点搭建和构筑，材质方面有哪些要创建和制作，灯光要表现几种模式，出图视角如何更好地突显设计张力等。

3. 深化设计师

深化设计师的核心工作是围绕方案设计师的初扩方案以及效果图设计师产出的效果图，进行材质、尺寸、数量、规格的进一步确认、评估和衍生，并最终产出图纸用于指导施工。因此深化设计师要关注的问题有：整体的范围和规则以及检查初步的扩初图；根据扩初图进行绘图检查，根据设计说明和施工说明选择配合的相关专业人员；确定尺寸容差范围，该范围应符合通用容差规则；确认立面、剖面、大样等出图细节；对电子图纸进行审查，最终提交图纸等。

4. 陈设设计师

陈设设计师的工作是进一步优化效果图，在配合方案设计师的概念方案的情况下，使软装落地，进而达成方案实现的最后一步。因此陈设设计师要关注的问题有：确认初步的空间计划和设计概念的安全性、功能性、美观性及可实现性；选择颜色、材料和饰面，适当传达设计理念；确定家具、固定装置、设备和木制品的式样和规格，并提供合同文件以方便定价、采购和安装家具；提供项目管理服务，包括编制项目预算和时间表，敲定灯光和配色方案；确定采购物品品牌、规格、数量、颜色、安装方法、安全所需辅材、安装位置和高度等信息。

事实上，在设计行业，还有一些典型或特殊的岗位，如建筑设计师、机电设计师、智能控制设计师、暖通设计师、给水排水设计师、绿植设计师、木作设计师、厨房设计师、照明设计师、消防设计师和指示系统设计师等，限于篇幅，这里就不详细介绍了。

二、室内设计师的成长阶段

在较为理想的情况下，一个设计从业者的成长路径可能会经过以下几个阶段：

①新人入门阶段。新人需要了解规范模板，对公司和行业基本规则有清楚的认知，所以可以给自己定期做一个相关测验。此外，新人要多发问多思考，养成一个良好的习惯，将自己遇到的问题统一记录，然后分门别类，分析是否有表述不清的情况，归纳同类问题。如果可以，将问题整理为递进关系的列表，以便请教别人时对遇到的问题有更深刻的理解。

②成长型阶段。通常具有 1 ~ 3 年的经验，对专业技能比较熟悉，但对行业、用户、业务等尚缺乏深入的认知。这类设计师还要加深对用户的了解，多接触用户，了解其生活与需求，探寻这些需求从何而来，通过观察、访谈等进行梳理、归纳和总结。除此之外，还要提升专业能力，给自己设立不同的需求场景，进而磨炼和提升技能。

③成熟型阶段。通常有 3 ~ 5 年的经验，在某一方面专业技能突出，对行业、用户、业务有初步的了解和探索，开始从单一的执行者向管理者转化。这类设计师要尽力提升对用户的控制力和影响力，多接触不同类型的用户，尤其是所谓"奇葩"用户，这样会对用户有更深的理解。此外，还要拓展自身的硬技能，且不局限于自己的专长，多体验分析不同类型的空间，对于新类型的项目可以适当尝试新的思路，形成新的拓展点。此外，这一阶段的设计师可以对行业发展进行深入思考，这样有利于培养自己的策略意识。

④专家型阶段。通常有 5 ~ 8 年的经验，对行业、用户、业务有较深的探索，并且主攻策划和推动执行。如果认识不错的行业前辈，可以多去拜访，学习前辈的经验，从而完成由"业务精英"到"领导者"的转变。此外，要多分析成熟的业务流程和体系，学习更多的行业相关知识。梳理自己的理念和认知，明白市场、运营、设计、研发和实施等各职能的关系和差异，以及如何更好地与其他职能人员协作。

⑤综合型阶段。通常有 8 年以上的工作经历，综合能力出众，极为擅长梳理框架和体系。综合型设计师仍需培养大局观，多参与高手间的互动与交流，学会从资本、技术革新和市场新态等来判断和理解事物。此外，还要培养制定策略的习惯，尽可能多地参与或者负责不同类型的项目和规划。

室内设计的具体流程，如图 1-1 所示。

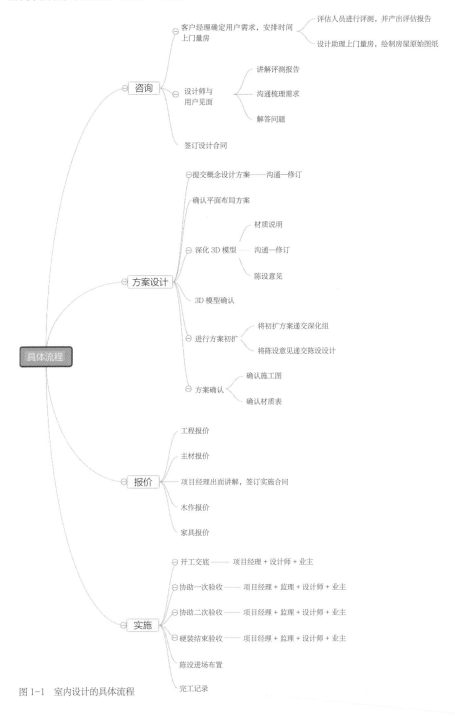

图 1-1　室内设计的具体流程

一个正规公司进行设计的主要流程，大概分为四个阶段：

①咨询：先要根据用户的喜好需求、住宅的当前情况和用户的预算计划等来制定初步的设计意向。

②方案设计：根据上一阶段的设计意向，将任务分解为几部分，根据用户的需求、评估报告和喜好样式、风格和品牌等一步步将方案具体化。用 AutoCAD 设计平面布局，用 SketchUp 确定格局样式，再用 3ds Max 确定灯光材质，最后选择家具及饰品，进行逐一确认后，最终完成整体方案图纸。

③报价：报价可以说是从图纸到落地的第一步，它包括工程报价、主材报价、木作报价和家具报价，在与用户沟通报价时，尽量与图纸进行一一对应，一则要对方案图纸做到心中有数，二则在校验图纸和现场时，可以考虑是否有不实的地方。

④实施：在方案正式进入落地阶段后，设计师要对工程进度进行评估，寻找潜在问题，以避免无法达到设计效果。同时，对这些问题做好相应记录，避免类似情况在下一个项目再次发生。

在室内设计行业中，一个真正意义上的室内设计师，需要能够主导和掌控此流程中的全部环节，而不是跟在销售和施工方后面跑。

在行业内，设计师和施工方的关系更为直接和微妙，设计师总要面对的一个问题是：施工方好像总是"能力不足"，我们该如何设计？

事实上，施工方提供的是长期的用户价值，设计师提供的是短期用户价值以及协助产品形成完善体系的长期价值。设计活动对用户而言是低频行为，但设计项目内的每个构建对用户的生活来说却具有长期影响，单个构建又不成体系，所以需要设计师协助梳理完善，这就是典型的短期价值。就施工的长期价值而言，施工方让产品从图纸落实到现实，成为可使用的物品，这个物品的功能已经极为明确和具体，这就是长期价值。

依照目前大环境来说，施工方"能力不足"是一种必然状态，这需要设计师对施工方进行工作成果的把握和评估，观察具体施工中哪个环节容易出现问题，在设计时尽量将其弱化或提供更为详细的指引，以便达成更好的效果。

从实际情况来讲，设计师与用户更亲近一些，从用户这边了解情况之后，设计师要考虑产生问题的原因以及如何切实解决问题。如果认为中间的变量太多，个人不能完成，要就实际情况来向管理者提供问题存在的依据及解决方案，以便投入相应的资源来解决此问题。解决方案最好备有图片或视频等，这样更便于理解。

设计师和施工方要达成共同认知：有问题是正常的，难免百密一疏，双方要互相理解；出现问题不要怕，能解决才是关键；这次的问题尽量比上次小一点；若连累了队友，要想办法弥补。

第二章　设计师的工作习惯和思维方式

　　室内设计潮流变化极为迅速，主流配色、审美的定义和施工形式等都会随着时间的改变发生新的变化。但对于从业者而言，在设计能力进步缓慢时，转而追求潮流元素，其实是钻了"急功近利"的牛角尖。

　　一个优秀的室内设计师应该熟悉和掌握相关的关键点，以便给用户创造更多的短期价值，以此来保证长期价值的确立。

第一节　建立良好的工作习惯

　　一个设计师要想做好设计，需要一些必备的基础素质、思维方式和工作习惯等，比如了解投入产出比的概念，具有流程化和精细化的意识、回报后置的意识等。

　　除此之外，从业者至少要有一项特长，这是可以直接产生效益的设计硬技能，比如熟悉产品、控制预算和优化结构的能力等。

　　对同一个项目，两种不同状态做出来的效果会是天差地别。

　　状态一：前不管需求，后不顾体验，把家具模型往户型图里一摆，尺寸大致过得去就算完成任务。这样的作品，质量粗糙到令人心碎。拿着这样一份方案去见用户，很难对用户产生吸引力。

　　状态二：在接触用户前便抱着给用户制造"超预期体验"的目的，从销售手中交接用户资源后，初步筛查其中的用户需求和缺失的认知，在出概念方案的时候就可以补充各区域的参考图片，便于用户理解，也不会产生思维偏差。

　　你要尽可能向第二种状态看齐，这样你的工作会有更强的目标性。举个例子，你在做方案之前可以考虑一些问题，比如用户在和公司接触初期关心的是什么，用户的重点需求体现在哪些地方，有哪些需求是潜在的，以及建筑结构类型是什么，哪些墙体是承重的，哪些墙体变更后不好确认，该去找谁寻求支持，等等。由此逐条归纳分析，你的方案策划能力将得到快速提升。

手头积累了一些项目之后，就可以进一步去研究更高一级的问题，比如你的主流用户需求有哪些，形成这些需求的原因是什么，等等。经过总结后，在面对新用户时就很容易让用户对你产生"遇到知己"的感觉，这样在交流当中就可以进入循环加速的状态，提高你和用户的合作速度。

以上可以说是设计师完成一个项目的职业目标。有了目标，我们就可以聊聊效率了。

效率意识，简单来说就是把你在需要做的每件事上投入的时间和精力换算为成本，要想让成本更低，唯有提高效率才是正道。

提高效率最简单的方法就是回顾和总结。比如回顾自己一周当中做了哪些事情，哪些有产出，哪些没有，产出的事情对于后期工作的拓展有多重要等。然后把回顾总结工作培养成长期的习惯，再慢慢缩短周期，从一周变为三天，再变为一天。

当你习惯了每天回顾总结工作后，就可以再深入一点，每天在工作前先做规划，将一天的日程目录化，做成时间安排表，待适应后便可以开始划分优先级。

在执行上述方法时，有四个地方需要注意，分别是：棘手的事情可以尝试先来解决，不求毕其功于一役，抱着尝试的态度有时反而更容易解决；先难后易，越难的事情越往后拖的话，很可能就会越不想做，只有优先完成难度高的事情，才能让后续的工作安排更加流畅；适当安排休息时间，每过一个阶段，就可以去做点其他的事情，让自己换换状态；工作前，将需要的东西准备好，避免中途寻找，否则不仅花费时间，还会影响工作效率和状态。

此外，按时回顾和制订计划的习惯该如何养成呢？

这里需要关注四个关键词，即导火索、习惯动作、奖励和信念。"导火索"就是触发事件的原因，可能是时间、地点、某种感受或对外界的反应，比如午饭、短信、邮件和群聊等日常工作、生活中经常遇到的事情等。要尽可能少地去做能引发导火索的事情，否则容易导致耽误工作时间。"习惯动作"就是你对导火索的反应，在工作时要按照预想计划进行，不能马虎分神，改掉不良的习惯动作并长期坚持，从而形成好的习惯动作。"奖励"是指在养成习惯的过程中，每当有收获的时候，就可以给自己发一个奖品，从而激励自己坚持下去。"信念"就是要坚定想法，相信自己能形成新的习惯，战胜拖延症。为了更好地贯彻信念，你可以找人协同监督，共同努力。

简而言之，要获得高效率的产出，可以像游戏中的做法那样，将一件事拆分成若干个任务，每个任务目标明确、过程清晰、动力强劲、结果实惠，坚持下去便可以慢慢提升自己的工作效率。

树立正确的思维模式

对设计师而言，有一技之长自然重要，但更大的竞争力不是硬技能，而是你的设计意识和思维模式是否优秀。如果具备优秀的思维模式，设计师就很容易赢得用户的认可和喜爱。相反，如果缺少这一点的话，在工作的过程中会平添很多辛苦，可能每个步骤都没错，但就是难以取得用户的信任。

我倾向于设计师要有"回报后置"的理念，专注地为用户创造价值。当你创造的价值足够多的时候，用户会给予你无条件的认可和回报，有时这种回报还会超出你的预期。

一、找准设计的关键点

室内设计盘根错节，要顾及的地方很多，设计师应当如何思考？要想有效率地做好设计，关键在于两点：

一是寻找主要因素。当一个项目中存在太多不确定因素时，往往存在一个最为紧要的因素，它可能就是推进项目顺利进行的关键点。二是确定造价。各专业解决方案有很多，无论节能还是美观，都有各自的达成方案，造价就成了限制设计的关键因素。明确造价总数，就可以顺利地进行分配。

现实中经常会出现用户反复修改方案的情况，改来改去，既耗费时间又耗费精力，这样的问题怎么解决？其实，改方案的根本原因在于一些需求的确触发了用户潜在的"选择困难症"，用户难于取舍，不好划分优先级。因此，在用户有特别不确定的需求时，设计师要做的事情就是用最低的成本（包括时间、精力）去搭建一个可以真实感受的场景，以便用户通过真实体验来确定是否有更改需求。

比如，若用户对空间尺寸不敏感，设计师可以在软件 SketchUp 中放置人体模型，为模型设置巡行动作，即可让用户得到真实感知，明确设计师的设计理念。SketchUp 可以解决很多沟通上的困难。在概念方案阶段，各种理念图、构思图和平面图很难让用户有等同的认知，而 SketchUp 可以快速、低成本地搭建框架，从二维向三维衍化，这样效果一目了然。若用户对颜色不好确认，可从颜色配比图开始，对样图的颜色进行签字确认，从样图中提取原色附入设计中，对模型和颜色逐一确认。

这样，每次更改都有用户参与，让用户知道提出更改不单单是一句话的事情，当用户想要再次更改的时候，就会知道这其中付出了多少精力。若用户仍然执意修改，那么增加设计预算的投入也在情理之中，在这些因素的牵制下，用户便很容易做出选择。

二、保持探索精神

设计师要关注新材料和新工艺，对这些信息进行记录和分析。有些新鲜事物虽然一时用不着，但很可能成为未来某个难题里的关键。

现在用户的需求变化也非常快。如今的市场，身为设计师如果只抱着传统设计方法，而对新风系统、净水器、无地脚线、无过门石等新事物一知半解，那的确是太过闭塞了。

无地脚线情况，如图 2-1 所示。

瓷砖和木地板无缝衔接情况，如图 2-2 所示。

关于了解新鲜事物的渠道，设计师可以在大师的作品中寻找，也可以去合适的交流论坛了解行业动态和设计新思路。在浏览作品时，除了发掘设计的美感，还要分析美感的组成思路，将这些设计结构点拆解记录，然后恰当地运用到自己的设计项目中。

说得深入一些，设计师要保持充分的好奇心和良好的学习能力，满足用户与时俱进的设计需求。如果只用一个套路走下去，只会越做越窄、越做越难。在探索时，不要有范围的概念，比如觉得建筑超出设计范围了，或者认为心理学和设计没关系等。要知道在设计领域，所有的学科都是共通的，虽然由于时间和精力所限不能做到样样精通，但还是要尽可能多地了解。

图 2-1　无地脚线的例子

图 2-2　瓷砖和木地板无缝衔接

三、深入挖掘需求

对于设计师来说，想要深入挖掘用户需求，在经验方面需要有两部分基础，一是专业经验，二是生活经验。

室内设计需要众多专业的配合，并非只拥有简单的生活经验就可以进行设计。生活经验虽然有助于设计师透彻理解用户需求，但远不是设计的全部。比如，生活经验不能告诉你新建墙用轻体砖不好处理防潮，需要红砖垫底，而红砖的重量对楼板承重有影响，为了降低对楼板的压力，用多少红砖和轻体砖都需要具体计算，这就需要具备专业知识才能做到。

而生活经验能做到的是让设计师对用户需求有较好的认识，也就是把自己变为典型用户，置身于真正的场景，体验用户的真实需求。在具有一段时间的从业经历后，每当设计师遇到同类需求时，便会想到自己的体验，进而表现出一种"我已经知道下一步是什么"的预知能力。

举个例子，面积不大的厨房在安装燃气灶时，通常紧靠一边侧墙安置。这样设计看似增大了操作空间，实则在做饭时，盛菜出锅特别不方便，会出现餐盘没地方放、大一些的盘子在边缘放置会部分腾空，或者盘碗靠灶台太近的部分太烫不好端取等问题，如图2-3所示。比较合理的解决方式是在燃气灶两侧分别预留300 mm以上的距离，如图2-4所示。

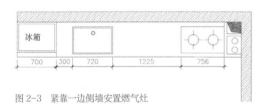

图 2-3　紧靠一边侧墙安置燃气灶

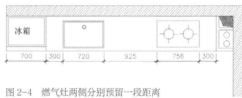

图 2-4　燃气灶两侧分别预留一段距离

这就是设计师具有丰富的生活体验之后才能注意到的设计细节，很多时候这也是设计师设计能力的加分项。设计师可以让自己变身为典型用户，让自己处于用户的真实体验之中，形成契合用户的同理心，久而久之，自然会拥有对目标用户的洞察力。这样的能力可以说是优秀设计师身上不可替代的核心价值。

拥有同理心，要经历三个步骤。首先是"观察"，不仅要观察用户行为，还要通过用户的行为去探知用户的生活。除了要知道用户想做什么、怎么去做，还要知道他为什么这样做、他的目的是什么，要了解用户的行为所产生的连带效应。然后是"调研"。设计师要与用户交谈、做调查以及写问卷，甚至还要以不是设计从业者的身份去跟用户"邂逅"，尽可能掌握用户的真实想法。最后是"真实还原"，其实就是去体验用户将要体验的设计。比如厨房用台上盆还是台下盆，光听别人说，很难理解和体会其中的纠结之处，最好的办法是自己下厨去做一次饭，从料理到最终收拾完毕，真实了解使用台上盆和台下盆哪种更方便、更舒适，在使用中是否会遇到某种困难等。

四、运用流程化思维

优秀设计师和普通设计师之间的差别在于拆分方式。比如拿到一个项目，优秀的设计师会先将用户需求回归流程，对需求进行拆分和梳理，然后从流程中寻找突破点，最后形成解决方案。

都说装修复杂、"水很深"，其实按照流程解剖后，就会发现很多事情并不难理解。项目从开始到落地，概括一下无非三个主要阶段：

首先，在准备工作这个环节，需要考虑的事情有前期考察的设备、施工方水平、意向图片的收集筛查、需求的梳理以及材料的尺寸、材质、样式、价格和配送时间等。

其次，初步设计阶段的重点在于确定布局方案，以及复核意向家具和材料。

最后，深化设计阶段则要把注意力放在确认最终的尺寸、材质和配色上，所有的细节图纸包含但不限于天花板、墙面、地面和局部施工细节。

所以，对于一个优秀的设计师来说，拿到某个项目后，一般会遵循三个基础步骤进行思考：该项目的目标和结果是什么，该项目中有哪些关键点，在这些关键点上可以通过哪些途径来创造新的体验，从而有助于达成期望的结果。

如果某个项目效果不佳，设计师在分析具体原因时，应该把这个项目的具体流程梳理出来，再从每个环节中寻找问题，而不是简单地甩锅给别人，怪罪施工方或用户。

除此之外，设计师还需要有精细化思维和杠杆化思维。

一个优秀的设计项目是通过大量的细节堆砌出来的，所以要想成为优秀的设计师，需要具备很强的精细化思维和精细化管理能力，能够把一个大问题划分为若干个细小的执行细节，并且能够掌控所有的细节。如果设计师能够梳理出细致的框架结构，那就说明其对工作有比较全面的掌握，达到了精细化管理的地步，因此设计出优秀的作品也就不是太难的事情。将此思路套用到用户方面也同样有效，设计师可以把经常接触的用户分门别类，针对不同的用户采用不同的沟通方案，这样就可以从容应对平时所遇到的问题。

好的设计师在工作时还会带有杠杆化思维，在做好一件事的同时，还会考虑这件事能否作为踏板来撬动相关的事情，从而产生连带的效果。

第三章　室内设计项目的完整过程

一个优秀的室内设计师在着手解决用户需求和开展工作时，会尽可能让 80% 以上的事情是自己可知可控的，只留下 20% 的意外变量。大师会将可控事务的比例提得更高，而初入的"萌新"设计师在执行时则恰恰相反，大多数事务对他们来说是不可控的。

有过从业经历的设计师可能对下面描述的情景深有体会：

设计师与用户碰面后，场面气氛僵硬尴尬，谈话无法深入，用户需求一直停在表面，现场勘察后尺寸对应不上，成图输出不准确，方案无新意，用户不买账……更不用说在项目落地时还有施工方不好把控的问题。

那么，如何在繁乱冗杂的设计工作中理清头绪，找到项目的方向和目标，进而让自己的工作变得更顺手呢？这就是本章要探讨的对设计的掌控力。

在设计认知和设计思维中，很重要的两点是流程化和精细化，可以称为掌控力的框架。在框架之下还有深入的部分，我将在设计流程的需求分析、设计规划、设计实施和后期服务这四个主要环节中抽取较难解决的问题，做进一步的探讨。

第一节　需求分析阶段

需求分析的基础工作有两部分，分别是前期沟通和现场测量。

现场测量看似人人都会，没什么好深入研究的，但实际上测量不仅仅是测量，还包括且不限于日照情况的记录、风向的记录、室内情况的留影等诸多其他问题。如果在测量时不注意这些细节，相应工作环节的缺失就是你日后时不时要前往项目现场补漏的原因之一。

前期沟通在前文中也有所提及，不过在这里主要谈及的是解决一个更为切实的问题，也就是前期沟通如何进行才能不"尬聊"，这也是很多新设计师刚开始从业时经常碰到的问题。

一、前期沟通如何不"尬聊"

生活中，我们可以随意聊天、相互吐槽。很多人都能够把握朋友、同事之间交流的尺度与节奏，然而在与用户接触时，却常常在交流前期就陷入尴尬、紧张的境地。在这种情况下，用户很难畅所欲言，甚至没有说话的欲望，使设计师更难以和用户沟通。这两种谈话之间存在明显差距的根本原因是你并没有把自己作为设计师的定位和目的搞清楚。

1. 前期沟通

前期沟通需要刻意引导。前期沟通是一个你问我答的交流过程，在整个沟通的过程中，你应当把握主动权。对于用户来说，他们只清楚大目标是什么，却不清楚目标背后又有哪些分支；而作为设计师的你需要清楚地告诉用户谈话的主题是什么，这是为了让他们围绕主题去说，由此来引导和把握整个谈话过程。

那么沟通的引导框架是什么呢？如图 3-1 所示。

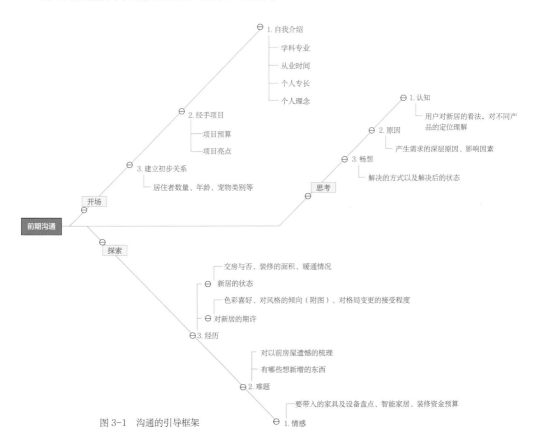

图 3-1 沟通的引导框架

双方初次见面时，你已经从销售人员那里拿到了初步的用户信息，而用户对你却并不了解，他只知道即将见到一个设计师。所以打破沉默的第一步，就是先让用户对你有个良好的印象，就是说，你要做一个简单大方的自我介绍。你可以选择从自己的所学专业、从业时间、专长以及设计理念开始讲起。室内设计特别是住宅类设计牵涉用户的日常生活，然而有些日常习惯比较私密，让用户毫无保留地对一个陌生人讲，难免有些尴尬，所以你在自我介绍的阶段要尽量做到让用户相信你，进而双方可以在所谈项目上坦诚相待，方便后期的沟通交流。

自我介绍之后就可以进行深入的交流了。比如你可以从自己做过的项目开始，讲讲经手项目的亮点、预算，在讲述过程中多少都会涉及用户的关注点，这样用户自然会跟进，在来言去语中你便与用户建立了初步的关系。

在进一步向用户探知你要了解的问题时，可以先从基础的房屋状况聊起，比如是否收房，是新房还是二手房，建筑面积和使用面积分别是多少，目前室内的装修情况，等等。除此之外，在聊天当中尽可能聊一下家庭成员，包含但不限于常住成员的情况、常住成员各自的年龄、探望人员来往频率以及是否有宠物和宠物类别，等等。在进行到这一步的沟通后，双方的戒备基本上就已经放下了，保持这种良好的沟通，以期后续环节继续跟进。

2. 具体设计需求沟通

以下我将从主空间的使用、家具家电的喜好、各自的生活习惯等方面入手，对具体的设计沟通流程进行细致的探讨。

（1）客厅设计需求

客厅功能：看电视、看书、兴趣培养、接待客人等。

影音设备：内嵌音箱、回音壁、蓝牙音箱、智能音箱等。

电视墙位置，是否可接受投影，是否有展示摄影作品或画作的需求等。

是否有传统主灯需求，常备鞋配置，是否在家办公，是否使用办公设备等。

对办公桌尺寸的需求，现有书籍的数量，平时的购书频率及数量等。

（2）餐厅、厨房设计需求

格局：是否可以接受开放式厨房。

电器设备：抽油烟机、冰箱（双开门或单开门）、洗碗机、消毒柜、烤箱、蒸箱、微波炉、饮水机、咖啡机等。

就餐设备：餐具的风格，餐桌款式及大小，是否需要酒具柜件等。

厨房收纳：全部收在柜子内，部分出现在墙面，部分出现在台面等。

灶台形式：多孔、单孔以及电磁炉等。

（3）卧室设计需求

卧室用具：床、床头柜、梳妆台、书桌、电视机、休闲椅、衣柜、收纳箱等。

是否有床头阅读的习惯，对照明的需求，日常出差频率，行李箱的摆放等。

（4）卫浴空间设计需求

洁具要求：蹲式便器或马桶、卫洗丽、马桶喷枪、浴缸或淋浴等。

洗衣机及烘干机的需求及位置，是否会集中在一段时间内使用卫生间，空间是否需要干湿分离等。

（5）阳台设计需求

功能倾向：养花鸟鱼、健身、储物、放置洗衣机、晾晒等。

（6）其他

比如对材质、颜色等的喜好倾向，以及对指纹锁、灯光感应、远程监控、全屋功放、光感窗帘开合等的特殊需求。

3. 沟通原则和技巧

做完上述沟通，对于把握用户需求来说便有了一个不错的基础。不过这需要在沟通和引导中把握一些原则和技巧才能达成目的，主要有以下四点：

（1）不要以专家自居

对于大多数从业者来说，用户都是新手，而你是具备经验的从业者，但在沟通中不要以专家自居是第一要素。

①专业的表现不在于术语的堆砌。初期从业者迫切想在初次见面的用户面前塑造个人专业形象，在与用户沟通中会使用一些业内的术语，用户如果有一定的前期了解还能勉强听懂，但也会出现理解偏差，而毫无基础的用户则会根本不知道讲的是什么。如果用户在初次接触后依旧对设计云里雾里，那么实际上设计师给用户留下的印象就是"不接地气"。举个例子，下面这些术语，比如卫生间要做二度防水处理、墙砖斜贴、美缝剂勾缝等，还有设计中的室内设计、陈设设计、设计衔接等，都需要尽量用通俗的语言让用户明白其是什么意思。

②不得当的解释只会加深隔阂。在前期沟通时，用户多少会说一些不靠谱的话，主要还是因为缺乏行业常识，也可能经历过失败案例。设计师出于专业习惯，总想去纠正，但这个时候请务必压制好为人师的冲动，虽然解释并没有错，但方式方法不得当的话，会让用户感到羞愧和尴尬。

（2）使用沟通技巧

用户在说完一段话的时候，可能会觉得自己已经说得差不多了，但是你还需要了解得深入一些，那么这时候，你可以用几种方法来让用户继续说下去：

①不说话。你可以故意保持沉默，表现出等待用户进一步解释的样子，这时候可能会有一个小小

的冷场，用户可能会继续找一些话题来进一步阐述。沉默的方法主要在访谈初期使用，因为这个时候用户对所提问题需要回答多长时间没有预期，因此通过沉默让用户继续回答，能够让用户把问题阐述得更清楚，并且形成回答问题的长度参考，那么在后续的回答中，用户就会按照这个长度进行回答。但是沉默这种方法不能经常使用，因为这样会给用户造成心理压力，从而产生隔阂。

②使用"然后呢"。用户有时候在回答中会判断自己说的内容是否对题，他们有时候会认为有些内容已经和问题没有什么关系了，或者把与事情相关的前后环节分开来看，往往这时的回答便会戛然而止。如果察觉到用户的回答突然中断，然而事实上并没有把事情讲完，设计师可以适时追问"那后来呢"或者"接下来您又做了什么"，从而引导用户继续回答。

③使用"还有吗"。还有一些情况，用户并没有进行深入思考，他们会提供一个大概的答案，例如"太贵了"或者"没时间"。这样的答案非常浅显，理由也比较简单，但并不一定是核心的原因。这时候可以通过顺承的方式让用户进一步思考，例如"还有别的原因吗""这是一种可能性，还有没有其他的可能性呢"等，用户有可能会说出其他原因，从而可以让设计师针对性地来解决问题。

④使用"为什么"。用户在回答问题的时候，如果问题较为重要，可以考虑不断追问"为什么"，这是沟通中非常经典的方法。通过不断追问，可以让用户思考得更加深入，去想一些平时不会深入探知的原因。

⑤使用"比如说"。当用户给出一个比较抽象、概括的答案的时候，你可以鼓励用户举例说明，用这样的方式可以说得更具体一些。比如你可以问用户"您遇到过什么好玩的值得分享的样式吗"，有时候用户需要时间来捕捉思维碎片，进而组织语言，所以你要有点耐心，多给他们一点时间，同时多给他们一点鼓励，可以说"没关系，任何事情都可以，这没有任何对错之分"，那么用户在接下来的回答中可能会透露出连他们自己都没意识到的重要线索。

（3）如何设计问题

用户是整个沟通过程的信息提供者，用户说得越多，沟通的价值就越大。沟通的目的就是要让用户说出自己的需求，这也是方案立足的根本。所以在大多数情况下，你是话题的推动者，你需要根据沟通进程调整和拓展问题内容，或者进入下个主题。好的问题可以牵引出更多的需求线索，不好的问题会给用户带来疑惑，甚至使其产生被侵犯的感觉，引发对方防卫心理，造成沟通效率低下。因此，如何设计问题就成了关键。

①多问开放式问题，少问封闭式问题。前期交流的目的是希望用户能够充分、自由地表达他们的需求，所以在交流中应该尽量使用开放式问题，让用户能够按照自己的理解和思考进行表达。封闭式问题只会得到"是"或者"不是"的答案，一个问题你花了 30 秒来解释和说明，而用户只是回答一

两个字，可以想象一下，整个交谈过程中，你获得的信息量会少得惊人。此外，用户在回答封闭式问题的时候常常感觉处于被动地位，过多的封闭式问题会让整个访谈变成一种"审讯式"的沟通，用户可能会失去交流的兴趣。

②多问具体问题，少问抽象问题。具体的问题是询问具体的事件，与之对应的是抽象的问题，抽象问题则需要用户在回答的时候进行概括和总结。比如"昨天您去了什么地方"，这就是具体的问题，"最近您比较常去什么地方"则属于抽象问题。抽象问题需要用户加工后陈述，这可能导致回答的内容偏离事实，比如询问"您一般多长时间外出就餐一次"，用户可能会根据最近一周、最近一个月或者最近半年的周期进行回忆和整理，这种整理有可能受到各种因素的影响从而导致回答得不全面。如果改成询问具体的问题，那就是"您最近一次外出就餐是什么时候"，这样用户就会回忆最近一次的外出就餐时间，其准确性会比回答之前的抽象问题提高很多。

③多问明确的问题，少问含糊的问题。含糊的问题是指用户不能准确理解也不能很好回答的问题，这种问题用户回答的自由度会比较大，给出的答案会比较发散。比如"这个方案感觉如何"，这就是含糊的问题，而用户给出的常常是"还不错""凑合吧"之类相对比较含糊的答案。这样的问答能够提供的信息量事实上并不大，需要尽量避免。

（4）如何沟通得更深入

当了解到用户的一些信息之后，对于那些难以判断和理解的信息，我们要深入地挖掘背后的原因。这时就可以运用描述性问题、结构性问题和对比性问题来获得答案。

描述性问题就是让用户讲述具体的内容事实，结构性问题是让用户按照一定的关系讲述内容事实，对比性问题则是让用户提供内容事实之间的差异。

比如"请描述一下昨天您在家中所做的事情""介绍一下您的工作职责""请说明您周末的生活和工作日的生活有什么差异"等。

从这几个问题可以看出，这三类问题分别从三个角度来阐述同一个事实。描述性问题更多采用白描模式，你可以对事实有一个整体的了解。结构性问题提供的是结构框架和关系，让你可以搭建一个基本的结构模型。对比性问题探寻的是差异和特点，让你能够尽快发现并聚焦于有特点的内容。举个例子，描述性问题就好像许多衣服堆在一起，需要你按照自己的思路去研究。结构性问题则是让用户把这些衣服进行分类，并告诉分类的依据，同时还要说明各类之间的关系。对比性问题则是再找一堆衣服，通过对比两堆衣服，找到它们之间的区别，并聚焦这些区别，从而进行研究。

同时，你还要仔细倾听用户的回答，认真观察用户的表情和动作，判断用户的状态，猜测用户的心理，并快速整理用户描述的信息。

二、现场勘测，做好设计前的准备工作

1. 勘测工具准备

①测距仪、卷尺（图3-2）：携带测距仪的同时也要携带卷尺，卷尺可以弥补测距仪的短板。

图3-2　用卷尺进行测量

众所周知，测距仪在水平的条件下对较大尺寸的测量效率较高，但应对一些小尺寸的测量就难免尴尬。此外，携带卷尺还能避免测距仪因意外损坏、电池耗尽等故障而无法使用的问题。

卷尺要避免使用鲁班尺一类，因为这种尺从尺面看，展露信息太多，很容易分神，引发记录误差，且不利于标注记录。

出发前应确认设备运行正常，要防止电池耗尽或发生故障。如果计划新置，可参照"科创"类似的迭代版，配合手机或平板电脑的APP，测量完成后可以直接输出户型图纸，更为高效。

②硬质夹、硬质板：硬质带紧固的书写夹，A4及以上规格，可避免记录的纸张出现污痕、折损，造成记录的数据模糊无法辨认。

另外，硬质板还便于提升测距仪的测量精度。众所周知，测距仪在水平的条件下测量结果才更为准确，而建筑施工时，是允许存在一定的水平误差的，当这种误差体现在墙面时，一点点角度的倾斜就会造成最终尺寸结果不准确。为避免因小失大，通过硬质板的协助，能使测量结果更为准确。

③户型图：通过各种门户网站搜索或向用户索要合同附件内的户型图片，通过Photoshop、SketchUp等软件对图片进行处理并标注尺寸等，输出等比例图片，并根据其大小打印在A4或更大规格的纸面备用。如果卫生间、厨房、储物间、楼梯等空间较小，细节处可以另附局部空间放大图以便于测量。

④笔：携带的笔最好耐水、快干，要准备两种颜色的笔，以便于不同类型的信息标注。

⑤相机：单反相机或VR360°全景摄像仪，若遇到无法进入现场的情况，在条件允许的情况下，还可尝试使用无人机。若行程极为匆忙，则必须要用手机或其他设备对现场进行拍摄记录。

2. 实际勘测

（1）勘测总则

测量图以北向为起点，并注明朝向，所有标注、索引都统一以该朝向为标准，除个别极端情况外，X轴为东西方向，Y轴为南北方向。

长度计量单位皆使用毫米为准；每个尺寸都要测量两次，以避免读错和测错；读数和测数需一致后再进行记录标注；读数以实际数字为准，避免为凑整数将末尾小数四舍五入；当次的测量误差小于或等于 5 mm。

以入户门为起始点，按顺时针或逆时针方向开始逐一测量尺寸。通过工具的配合减少测量工具的限制，若遇到同一轴超出测量工具的最大范围这种情况，可在极限处设置定位点，方便延续测量，记录方式以"+"进行数据相加，比如"10000 + 3280（mm）"。需注意，延续测量会增加数据错失的风险。

每一轴向在测量单段尺寸之外，还要测量同一轴向分段尺寸及总尺寸以做参照，如果在放图时遇到尺寸链无法闭合，可通过分段尺寸和总尺寸进行推算，从而得出正确结果。

需要测量标注建筑主体、构件（墙体、柱子、基础等）、设备（给水、排水、采暖、通风、空调、电气等）等物体高度时，以天花板尺寸为基础，测量结果会更为精准。

如果测量空间较小且尺寸密集，为了在放图时便于辨认，可用引线牵引放大后再进行标注。

如果个别处结构复杂，需在测量处添加索引，在空白处重绘放大，或者在立体图上进行标示。

（2）测量内容

房屋结构的基础尺寸：包含但不限于各房间的墙体尺寸、墙体厚度、门垛尺寸、门窗、洞口宽高尺寸、厨房烟道及卫生间风道尺寸、层高等。

梁位：所处位置用双虚线表示，距离参照墙体的尺寸、宽度、高度（梁底距离天花板顶面的高度或距离原始地面的高度），标记独立编号，并在量房登记表中注明详细数据。

柱子：所处位置涂黑表示，距离参照墙体尺寸、双边或多边边长尺寸，标记独立编号，在量房登记表中注明详细数据。

门、洞口：所处位置墙体尺寸、高度、深度、门梁的高度（门洞上沿距离天花板顶面的高度），飘窗需测量距离两侧墙体的尺寸及飘出深度（墙体厚度及窗户尺寸要分别记录），在量房登记表中注明详细数据。

给水排水管道：各房间位置定位尺寸，水管所处位置的水位高度（冷、热水位以中心距为基准），标记独立编号，在量房登记表中注明详细数据。

排水管：中心孔距周边参照墙体 X 轴及 Y 轴尺寸，排水立管测量双边最外径尺寸及排水管直径，标记独立编号，马桶排水位以另一种编号表示，在量房登记表中注明详细数据。

地漏：每个地漏所处的房间位置，距周边参照墙体 X 轴及 Y 轴尺寸，标记独立编号，在量房登记表中注明详细数据。

天花板吊装排水管：下沿距离天花板顶面高度，标记独立编号，在量房登记表中注明详细数据。

等电位：位置宽度、高度、距周边参照墙体 X 轴及 Y 轴尺寸。

燃气管道、燃气表位置及燃气表尺寸：管道、燃气表距周边参照墙体 X 轴及 Y 轴尺寸，燃气表上沿距天花板顶面高度（拍照时注明方向、尺寸）。

厨房烟道、卫生间风道所处位置：距周边参照墙体 X 轴及 Y 轴尺寸，预留排风风口朝向，排风口下沿距离天花顶面的高度。

配电箱、门禁、消防广播、警报、插座、电气设备位置及尺寸：所处位置、设备自身尺寸、距离参照物尺寸、距离天花板顶面的高度。

空调（包括中央空调）：室外机所处位置、入户管道位置、距离参照物尺寸、高度，每个房间室内机所处的位置及自身尺寸、距周边参照墙体的 X 轴及 Y 轴尺寸，每套送风机及管道下沿距离天花板顶面的高度，控制面板所处的位置及尺寸，距周边参照墙体的 X 轴及 Y 轴尺寸、高度。

暖通：暖气入户管道位置、散热片自身尺寸（宽、高、深，包括阀门），距周边参照墙体的 X 轴及 Y 轴尺寸；地暖需测量分水器位置、宽度、高度，距周边参照墙体的 X 轴及 Y 轴尺寸。

（3）现场记录

外窗的主材类型：包含但不限于断桥铝、塑钢、铝合金、不锈钢、木材等。

玻璃类型：包含但不限于钢化玻璃、中空玻璃、夹胶玻璃、镀膜玻璃等。

入户门开启方向及各空间窗户的开启方式：外开、内开、内倒，以及壁挂锅炉和水箱的位置（定位）。

拍照：保持一个方向（顺时针或逆时针）进行全屋拍照，对于存在设备或结构变化较多的地方进行重点留存，确保每个空间都有相应的照片记录，照片不要背光，且总数三分之一的照片中要有其他照片内的场景，便于后期细节核对和分辨。

3. 成图输出

根据绘测数据及实景照片中的信息，在 AutoCAD、SketchUp 等软件应用中画出基准参考线，便于尺寸拟合及误差消除。前文中提到的种种预期考量及保险皆在该环节中体现，因为在放图中耦合不上可以说是常见情况，差距少则 100 ~ 200 mm，多则 1000 mm 以上。因此遇到这种情况不必慌张，按前面讲述的办法拟合尺寸即可。

放图结束后，先与合同附件页中的户型尺寸进行基本核对，检查有无重大笔误，然后再与现场测量的结果进行校准核对。至此，所有绘测及初步放图的工作完成。

第二节　方案设计阶段

这一节我们来讲讲对于室内设计从业者来说比较有"底气"的东西，也就是方案。

之所以说方案是设计师的底气，是因为在整个设计过程中，方案的好坏决定了用户对设计师的态度，也决定了合作能否继续，以及后续工作能否顺利开展。

如果从大的角度来看，方案包含了原始结构图、结构改造图、平面布置图、天花板布置图、地面铺装图、平面索引图、天花灯位控制图、插座布置图、给水排水布置图、立面图、剖面图、大样图以及效果图、材料清单等。而拆分到具体和微观落地的层面，则有一个权重较高的事情需要优先解决，也就是我们经常谈到的平面方案。

一、"破局"平面方案

关于平面方案，设计师往往头疼如何才能被用户认可；而用户受到网上大量的案例冲击，总觉得自己的房子还能有更好的设计。面对这种矛盾，平面方案就成了破局关键。

1. 小空间布局的破解优化

说到空间布局破解，首先要破解的是思维的禁锢。在格局的变更上没有什么绝对的"不可以"，这个"不可以"一般意味着需要付出的代价会很高，至于值不值得这么高的代价，要考虑到用户需求的优先级，并且设计师要从整体进行评估。

举个例子，用户想在家里增加一个卫生间，可以吗？可以，通过排污泵及粉碎机的配合就能达成这一要求，当然增加这两种设备肯定存在相应的成本支出。

如果在此基础上，再增加一个条件——方便长辈如厕呢？和走一段不短的距离且途中会大概率磕碰到某些家具、灯光太亮影响后续睡眠等问题比起来，长辈起夜不用摸黑找开关显然更方便一些，所以这样的成本增加是不是很值呢？

再举个例子，用户想把厨房换个位置可行吗？可行，这其中的困难一是燃气、二是排烟，都有办法可以解决。

燃气在密闭可强排的空间都是允许延伸连接的。即使实在无法做到，还可以使用电器，现今电磁炉、电陶炉、烤箱、蒸箱都已经不是什么稀有电器，哪一样都能延伸出很多料理的方法。

排烟方面，如果物业允许走户外那效果更佳，不用和整栋楼进行烟机的功率竞赛；如果不允许，走回原烟道也不是不行，加个中继辅助即可（要求排烟管大于 3 m），或者采用欧式储藏压缩式也行，不过后者不适合中餐爆炒产生大油烟的情况。

除了上述两例，其他诸如卧室、客厅位置调整等仅涉及线路更正的改造，难度是最低的。

那么，格局变更时，墙体受限怎么办？

这在现场测量时就要进行初步分析，根据墙的厚度、敲击的声音等配合建筑图纸（一定要学会读建筑图）进行判断，个别情况下还要配合钢构探测仪辅助进行分析。若涉及梁体、承重墙、结构柱等关乎整体建筑支撑的部分，一定要找有执业资格的建筑师来处理，不可轻视这个问题。况且，方案并非只有一个，若发现方案中部分设计造成严重阻碍，设计师反而该反思这个方案是否真的合适。

言归正传，小空间大概是设计师接触最多的项目类型了，通常是一居室户型。随着生活水平的提高，以居室的数量多少来论空间的大小已经不再合适，因为市场上已经出现了 200 m^2 的一居室，将其定为小空间的话实在太有戏剧性，所以这里我们把小空间暂定为 80 m^2 以内的户型。

"麻雀虽小，五脏俱全"，如何让功能不流失又突破感知上的局限，着实耗费了不少设计师的脑细胞。事实上格局破解是有据可循的，既不是灵光闪现，也非什么"玄学"。

前文关于需求的定义和现场勘测用了不少笔墨去展开，这两部分是破局的基础，而尺寸的熟知和把握才是破局的关键，其次是对功能的了解和拆解以及对通风和采光的把控，最后是动静分区和感知体验。

关于尺寸的把控及功能的拆解会在下文中按空间进行详细列举，此处暂且略过。

通风和采光的把控以及动静分区和感知体验是这里要重点介绍的，尤其是感知体验，这是小空间与大平层在规划出发点上唯一有别的地方。

通风和采光在建筑设计中有强制性的要求和标准，在室内设计中反而较少体现。但随着职业技能的升级，设计从业者开始在技能上向上兼容，从建筑设计的视角来考量室内的通风和采光。说得通俗一点，采光要让室内每个空间都可以引入自然光，白天不需要辅助灯光就可以解决照明问题；相应地，通风要求室内不能存在憋闷的空间，当窗户开启时，室内空气会自然流通。

动静分区对设计师来说应是考虑最多的问题。一个住宅内有动静之分，动区是较为繁闹的区域，包括玄关、客厅、餐厅、厨房、家务区以及卫生间内的马桶部分和面池部分等；静区主要包括卧室、书房、衣帽间、主卫或淋浴区等。

上面提到感知体验是小空间和大平层在规划上唯一有别的出发点，原因在于小空间尺度有限，添置诸多功能后给人的第一感觉是拥挤，而大平层则不会。如何在较为紧凑的小空间中营造出宽阔感，这就是和大平层户型规划出发点的不同。

以上三方面有一个统一的出发点，即找到你接手项目的户型的中轴线。

80 m² 及以内的空间，无论一室还是两室，或者再紧凑点挤出个三室也是有的。这种户型整体上有一个朝向（最大窗户面向的方向，而非传统的院落大门朝向），比如朝东向、坐南朝北、坐北朝南等。找到朝向后做一下原始户型的动静分区。当然此处的动静分区并不绝对，可能按一般概念划分的静区范围内有个厨房，这种情况下，此处虽然有个厨房，但更多的空间用于卧室的功能，我们同样可以将此归为静区。

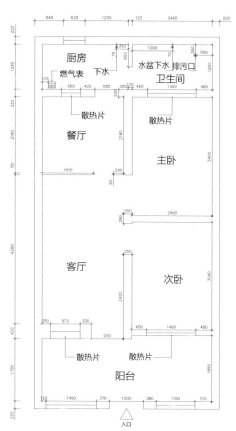

如图 3-3 所示，图中是原始户型，粗看上去，动静分区也算分明，一分为二，左手边是动区，右手边是静区，入户位于中间，但这样的格局真的合适吗？

我们来分析一下：此户型的卫生间和厨房在最后方，厨房与入户门之间距离过长，卫生间与卧室之间动线过长；厨房与卫生间仅仅一门之隔，去卫生间要先经过厨房，在卫生感知方面不佳；卫生间、厨房、餐厅包围着其中一个卧室，在卧室里恐怕很难体验到安静；入户门处的两个阳台无实用功能，面积闲置浪费；整体户型狭长，以纵向为中轴线使狭长的感觉更甚。

图 3-3　户型举例

上面提到过，破局要突破思维禁锢，因此定义中轴线，要打破表面看本质。中轴线是纵向的，为什么不可以是横向的呢？功能布局不合理，为什么不重新布置呢？当然，中轴线也需要依托于承重墙的结构。该户型非承重墙拆完后如图 3-4 所示。

图 3-4　拆除平面示意图　　　　　　　　　　　图 3-5　格局规划图

在此户型的改造中，按照通风和采光的要求，首先，将室内原有的三个不可开启的天窗更换为电动开启窗扇，引入自然风并加装了新风系统，促使空气自然流通；其次，位于房间最深处的衣帽区新开了两扇窗户，带入采光，解决后屋的昏暗问题。

在空间格局上，从格局规划图（图 3-5）看得出此户型支持格局大规模调整，因此将原结构中次卧和阳台间的窗户扩充为垭口，客厅和阳台之间也做如此调整，这样客厅更为开阔。同时，将位于原结构中最深处（左角）的厨房及餐厅迁移到入户的右手边（原结构的右下角），形成餐厨一体，在厨房和客厅之间做小凹位，嵌入鞋柜，便于进门换鞋。再就是餐厅、客厅、厨房都没有装门，形成环游动线。

具体来说，餐厨的优化为：让餐边柜成为餐桌的延伸，解决后期生活中餐桌被各种物品堆满的情况；可延伸的餐桌方便子女归来一家人团聚；餐厅、厨房、客厅通过布帘分割，解决油烟乱窜的问题。

客厅的优化为：电视机等设备入墙，减少对客厅纵向空间的占据。

卫生间的优化为：原结构中位于最深处（右上角）的卫生间迁移到了前方，在做功能三分离后嵌入卧室和客厅之间；将马桶独立设置，形成密闭空间，洗漱和沐浴在另一侧，宽大的镜面可以消除感观上的狭促。

卧室的优化为：考虑到空间的尺度以及行动的便利性，卧室没有选择成品床，而是通过家具定制做了整体的榻榻米并嵌入床垫；得益于定制榻榻米内有庞大的储物空间，将靠近卧室门口的榻榻米翻板下的空间用来放置吸尘器等清洁工具，取用便捷，并且降低用户适应成本。

另外，原始结构中的厨房和卫生间成为两个卧室各自独立的衣帽间。最后，在整体视觉感知上，以绿色及橡木色为主色调，运用镜面和白色（墙面、物品）来减少视觉上的拥挤感，同时横平竖直的线条让空间规则极为明晰，在感知上营造出空间放大的体验。

这一部分在了解后续功能分解后再回头带入，会更有收获。

2. 大平层整体规划解析

大平层和小空间规划的整体方向是相似的，唯一的区别在于尺度上的进一步延伸，即"仪式感"，也可以说是"高级感"。

仪式感是什么呢？是对生活的重视，把一件单调普通的事情变得不一样。一个人的早餐可以是路途中边走边吃的包子，也可以是餐桌上用蓝白格餐垫垫着、盛放在精心挑选的餐盘中的美味，就连每个水果都摆放得恰到好处。这两种早餐，吃起来感觉自然不一样。就像《蒂凡尼的早餐》里，赫本身着小黑裙，优雅地吃着可颂（一种羊角面包）的样子，真美。

说得再直白一些，当别人把最平淡的一件事以尽可能高效的方式去执行和完成时，你可以以一种相对舒缓、不急不躁的态度将这件事拆分出多个步骤，并逐一体验这些步骤中微妙的感知。

满足功能只是生活中的基本要求，让功能更合理也仅仅是及格而已，在功能中相伴的尺度才是高级感和仪式感的起点。

比如，一个通行的走廊，450 mm 可以说是底线，600 mm 是正常，若两侧均为墙体的话，尺寸得增加到 1200 mm 才能稍稍缓解局促。而在大空间中，900 mm 只是下限，若两侧均为墙体的话，尺寸得达到 1500 ~ 2000 mm 才是正常。

当然，仪式感也并非简单地将尺寸等比例放大，而是要从视觉和听觉（排名有先后）两点出发并加以延伸，触觉和嗅觉虽然不在布局规划的范围内，但依旧和后续的设计工作相关。只有这四者结合才能造就卓越的用户体验。

先来说视觉。唐纳德·诺曼（Donald Norman）在《情感化设计：我们为什么会喜欢（或讨厌）日常事物》[Emotional Design: Why we Love (or Hate) Everyday Things] 一书中讲述了一个他的研究结论："系统美学的好坏会影响后续使用对美观和可用性的感受。"

可以说，设计的关键是保持一致。不一致甚至会把最漂亮的设计变成丑陋的烂摊子。纵观很多设计师的作品，最终都失败在混杂了太多的元素、太多的造型与颜色，而又缺乏协调上。这就是大师的作品看上去都极为简单的主要原因。

设计的另一个关键是不要被潮流左右。举个例子，黑色的礼服在过去的百年间一直流行是有其原因的，因为它很简单、干净且经典。同样，一个简单、干净、经典的视觉设计也会随着时间的推移而保持下去，就像香奈尔的黑色线条勾勒的包装盒沿用多少年都未曾改变。

上面所说的这些可能会给"萌新"设计师带来理解上的困惑——这些和做方案有关系吗？

为了避免和前文重叠，这里简要概括一下大平层的破局要点，从中你就可以发现上面所说的仪式感和设计的关键都有着重要的影响。在大平层的户型中找到中轴线后，要对功能进行更细致的拆分，根据空间的大小进行功能独立、分配和互动。比如厨房和餐厅，进行拆分的话会分为中厨和西厨，那么在中厨和西厨中，哪些是可以功能复用、动线重合的？是储物区、清洁区，还是其他？餐厅不再是简单的一张餐桌配几把椅子就完成了设计，也不是加个酒柜、塞个大圆桌就叫大宅的餐厅，而是可以根据情况进一步分为早餐吧或水吧以及家庭餐区等。酒柜、餐桌和餐厅并不构成绝对的逻辑关系，将功能在户型格局中组织和重构才符合方案布置的整体逻辑。

再来说听觉。听觉是人的第二大感观，与生活密切关联的有噪声、视听设备的声音以及全屋的功放系统等，设计师要从听觉部分切入方案布置的部分，包括外界噪声的隔绝、室内视听设备与家庭成员间声音的传播控制以及可能带入的功放系统的布置等。

这些看起来简单，但其实里面大有学问。比如大平层住宅多处于市区核心，在热闹繁华之处，城市的噪声如何得到削弱甚至隔绝？再比如你是否留意过顶级酒店、住宅中少有设置电视机一类的娱乐影音设备的现象，这其中的缘由你是否仔细探究过？这两个问题说起来比较复杂，篇幅所限，这里不展开讨论了，感兴趣的读者可以自行思考一下，或者寻找相关专业书籍学习研究。

这里简单说一下家庭成员的声音传播控制。大平层通常分为待客区和家庭区，这两者之间的布置是有区分的，不同的功能空间座椅安排也不一样，位置的远近意味着你听到的和讲话的声音分贝不同，声音的高低会给人完全不同的感受。声音的控制则主要在于音源既要利于传播，又要避免形成回音以及干扰其他空间的起居活动。

这些都是在空间布置时会遇到的关于听觉设计的考量，至于家庭音乐厅一类相对更加专业的设计，单靠室内设计师已经不能把控，需要专业的声学设计者来主导。

3. 入户设计

"玄关"一词出自"国中开白室，林下闭玄关"，原本是道教中修炼的专有名词，后来用在室内建筑名称上，意指通过此过道才算进入正室。

玄关是室内与室外的过渡，作用上要有展示、整理、储藏、更衣等功能，情感上还要隐喻传统审美，感官上则要塑造"以小见大"，可以说用"玄妙"来形容确实不为过。

那么，不同户型类别下的玄关，各自应该关注什么呢？

先来说小户型的玄关，关注点主要是视线分割和收纳。

由于小户型的空间相对比较局促，对各功能的分配多数能省则省，所以在设计玄关前，要先看其空间内是否有玄关的位置。若有，要考虑空间是否足够容纳其功能；若无，看是否有设置的空间，以及用什么材料来设计。

在玄关空间存在的情况下，应考虑的功能主要是收纳当季常用鞋，因此要评估居住人数及日常鞋量，这其中包括回家换的拖鞋。若空间还有余量，再适当增加收纳外衣、雨伞等功能。

倘若没有玄关的位置呢？比如，进门就是一厅（如客餐一体），或者只有卫生间做分割、其他都在同一空间的单身公寓，遇到类似情况要怎么办呢？

这种情况并不难处理，首先要看入户门在该空间的中间还是左、右侧，其次看连接空间的大小。

如果入户门在中间，通过计算尺寸来预留相应空间，可以做一个类似照壁、屏风之类的凹位，嵌入柜体，满足功能并完成空间分割。该凹位的完成面与门的距离最终应为 1200 ~ 1500 mm，视空间整体比例而定。如图 3-6、图 3-7 所示。

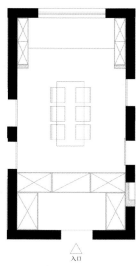

图 3-6　嵌入柜体式玄关设计平面图

图 3-7　从客厅看玄关

如果入户门刚好在两侧，则要看其是否和其他功能紧密关联，比如走廊或餐厅。看入户门与相距最近的墙的距离是多少，评估一下是否能够容纳常规或薄款鞋柜。这样就考虑完储物功能了。

再说视线分割，视线分割的方式有很多种，在分割问题上一定不能硬钻牛角尖。我见过有位设计师在 1100 mm 宽的走廊中放了 600 mm 宽的隔断，剩余 500 mm 的宽度供人通行，既不便又奇怪。

视线分割是仪式感的一种。完成视线分割的可以是隔墙、栅格、玻璃甚至布帘，还可以是垭口，如图 3-8 所示。当人通过一个垭口时，会有明显的心理暗示：我到达另一个空间了。可以说，使用垭口的成本更低，也可以避免动线障碍。

图 3-8　用垭口来分割视线

那如果碰到"灾难级别"的户型，比如入户门紧靠一侧墙（图 3-9），而另一边是餐厅，是不是就没办法了呢？办法依然有，不过要具体情况具体分析，通过户型格局的重构，挤出一个玄关的空间并不是太难的事情。即使户型完全没有变更的可能，那也只是最终视觉不会很完美而已。

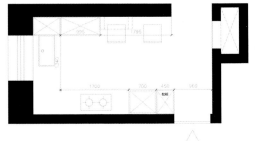

图 3-9　入户门紧靠一侧墙的户型

再来说中等户型的玄关。80 m² 以上、200 m² 以下的户型，说大不大，说小不小。在关注点上，除了通用的视线分割和收纳外，新增了来客展示或自我展示的部分，不过收纳仍然是重点。如图 3-10 至图 3-12 所示。

由于中等户型的面积不再局促，设计师可以稍微放开手脚，帮用户考虑得更长远一些（当然前提是要尊重用户自己的需求）。比如用户家庭未来会喜添新丁，随着孩子的成长，东西也会逐年递增，玄关在收纳常用鞋的基础上，还会逐渐增加收纳汽车用品、婴儿车、室外玩具、雨具、体育用品、露营用品等的需求。因此，增加充足的储物空间显然更为重要，展示属性则可以后续再加以平衡。

图 3-10　增加储物空间案例 1

图 3-11　增加储物空间案例 2

图 3-12　增加储物空间案例 3

综合来看，中等户型设计思路和小户型近似，不同之处在于为储物预留了更多的空间，甚至建立了一个家庭储物间来解决储物需求的暴增。

值得留意的是，中等户型的玄关设计如今兼顾观感的比重也在提升，要尽可能避免设置敞开的柜体空格，因为这会容易引发后期的混乱。若结构允许，储物最好不要设置在玄关墙上，那样容易产生压迫感。

最后来说说大户型的玄关设计。由于空间的倍增，大户型大多有专属的衣帽间、车库甚至更多的入口，在这种情况下，储物功能由多个入口区或储物区承担，所以设计师要更多衡量的是衣帽间或储物间的位置与入户在动线上的便利性是否足够。

值得留意的是，无论玄关大小，一个明确的空间边界十分重要。不管玄关是规整的矩形还是多边形，甚至是圆形，让人能够明确感知到空间的规则和边界才是一个空间成立的基础，同时也契合了仪式感的定义。

在基础定义完成后，大户型的玄关更倾向于用户的自我追求和个人展示，很多时候艺术雕塑或挂画才是该空间的核心，空间内的其他设置，比如顶面、墙面、地面材质的应用，以及灯光的布置等，都是为展现艺术雕塑或挂画采用的辅助手段（图3-13、图3-14）。无论用户归来还是在此待客，在进入空间的那一刻，玄关如同别致的个人艺术馆，成就感及高级感油然而生，这才算达成"玄关"一词的深层含义。

图3-13　大户型的玄关设计案例1

图3-14　大户型的玄关设计案例2

将空间塑造完成后，我们对各类型空间的柜体做一下简单解析。

大体上来说，玄关收纳柜体可以分为普通收纳柜和步入式收纳柜。

普通收纳柜的形态大致如图 3-15 所示，一般进深标准，带鞋盒收纳为 400 mm，不带鞋盒收纳的话做到 350 mm 也是可行的。一个单元的标准尺寸是 400 mm，通过组合可以形成 800 mm、1200 mm 等不同大小。当然根据实际尺寸定制也是可行的。若设计师对数据把握得比较精准的话，承接项目还可以落实到每样物品的采购（比如鞋盒），或预估哪些东西未来会进入新居，完全可以以这些尺寸作为基础模数进而整合，减少按照常规大小而形成的无法利用的死角。

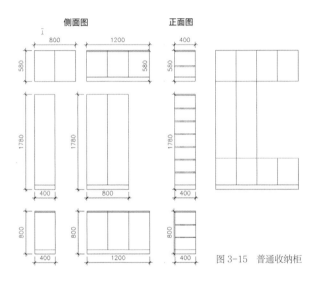

图 3-15　普通收纳柜

高度上，吊柜通常为 500 mm，矮柜大约为 900 mm，也有 1700 mm 以上甚至更高的吊柜。它们的收纳能力各不相同，通过组合可以形成各种形态的收纳柜，如图 3-16 至图 3-20 所示。

图 3-16　矮柜

图 3-17　矮柜与吊柜的组合

图 3-18　通高形式的收纳柜

图 3-19　更复杂的收纳柜

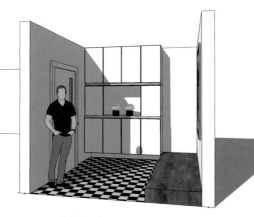

图 3-20　收纳柜组合

如图 3-21 所示，矮柜的收纳能力较弱，但是便于收放，上方的台面可以随手放置提包和装饰用的花瓶、画框等。

图 3-21　矮柜上方可放置其他东西

如图 3-22 所示，矮柜和吊柜的组合通常上部用来收纳不常用的杂物，下部作为鞋柜，下方一般会留出 150 mm 左右的高度，可以放置常用拖鞋等。

如图 3-23 所示，通高形式的收纳柜垂直收纳的能力很强，但是空间感受和装饰性与前两种形式相比较弱。

图 3-22　矮柜和吊柜的组合

图 3-23　通高形式的收纳柜

偶尔也有将这三种形式的柜子组合起来的做法，既能够保留矮柜的装饰性，又能够在一定程度上增强收纳能力，如图 3-24 所示。

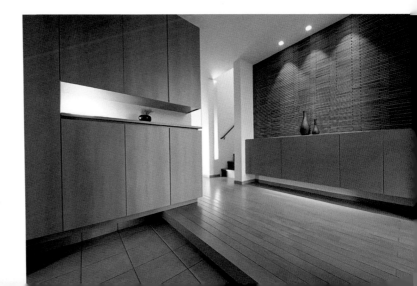

图 3-24　三种形式的柜子组合

此外，收纳柜的水平划分也非常重要。如图 3-25 所示，通过柜门和隔板将水平的鞋柜做简单划分，能够分别收纳雨伞、常用鞋和非常用鞋、家用鞋等。

卫生清洁上，在换鞋处采用便于清洁的材质，比如地砖一类，并与其他区域进行材质区分，这样无论从视觉还是触觉上边界感都很直观，同时在卫生处理和材质保养上降低了工作强度。

图 3-25　通过柜门和隔板将水平的鞋柜做简单划分

4. 厨房设计

"民以食为天，食以餐厨先。"厨房作为加工食物的所在地，承担着人们在"舌尖"方面的各种需求。

几乎每个设计师都会背"洗切炒"动线三字经。然而，会背是一回事，设计起来是另一回事。真的能依靠这三个字就设计出合适的厨房吗？答案是否定的。

前文我们反复提到用户需求的重要性，对厨房设计而言也不例外。当然，在用户提出多项需求且难分优先级时，就需要对其日常生活进行研究、佐证和排序。这里我们也按小、中、大户型依次展开。

小户型用户对厨房的关键需求是什么？有这么几个关键词：上班族、单身、二人世界、外卖、下厨体验等。通过这些关键词可以对用户做出更深的剖析，比如"上班族"和"外卖"通常联系较多，很多身为上班族的用户工作日不在家，自然下厨的时候少。这种情况下，不妨考虑以下问题：厨房占有一个专属空间是否实用；上班族偶尔下厨或体验生活时小厨房是否局促；工作日上班族在家里与厨房的相关活动更多的是喝水（冲泡咖啡、茶、奶茶等）、轻食（色拉、燕麦、水果、泡面等），用水吧来代替传统的封闭式厨房是否更为实用；常背的"洗切炒"能否将每个点都独立为一个模块进行拼插和组合等。显然，将所有信息综合后，设计一个开放或半开放甚至直接改为水吧也不为过的厨房更适合小户型。

先别因为油烟的问题来唱反调，油烟其实不成问题。前面讲过可以将每个功能独立出来，烹饪功能也一样。一个 1 ~ 1.5 m² 的空间，能放得下处理好的食材，并满足炒煎炸、承盘等功能已经足够，如此小的密闭空间比起常规的 5 m² 左右的密闭厨房，哪个空气置换效率更高呢？事实上，小空间的厨房被油烟弥漫的区域更小，擦洗起来省力不少，还可以将更多的区域释放出来，无论朋友聚餐也好，两人下厨体验生活也罢，日常生活中的视野也能更开阔些。

再来说中等户型的厨房。中等户型可以说是最复杂的，因为要考虑到家庭人员变化最剧烈的一段时期——育儿期。老人、保姆对孩子的照顾和孩子的快速成长期都在这个时间段内，要考虑用户家里相应时间段的变化，同时还要尽量保证父母的原工作节奏。这个阶段可以说是最没有"标准答案"的阶段，但综合考虑依然要落足于厨房开放和封闭之间的平衡点上。

为了表述清晰，这里列出多种设计方式，设计师可基于需求参照这些方式进行延伸。

（1）中心式厨房（图 3-26）

图 3-26　中心式厨房

特点：便于共同使用，强调家庭成员的交流性。

优点：适用于常和家人、朋友共同制餐的家庭。能够看到起居室的活动，方便做餐时照看孩子。厨房上空没有吊柜，所以空间较为开放，视觉十分开阔。

缺点：油烟等很容易漫布全屋。厨房凌乱会影响观感，不适用于工作繁忙又无保姆协助的家庭。

效果如图 3-27、图 3-28 所示。

图 3-27 中心式厨房案例 1

图 3-28 中心式厨房案例 2

（2）半开放式厨房
（图3-29）

图3-29　半开放式厨房

特点：能够在减少厨房凌乱的同时保持和起居室的交流性。

优点：空间拥有一定的开放感和连续性，可以兼顾照看起居室，如果家里有小朋友的话会比较方便。

缺点：抽油烟机对油烟问题无法完美解决，相比之下集成灶性能更好，但是对油烟尤其是气味敏感的家庭还是要谨慎选择。

效果如图3-30、图3-31所示。

图3-30　半开放式厨房案例1

图3-31　半开放式厨房案例2

（3）半封闭式厨房（图 3-32、图 3-33）

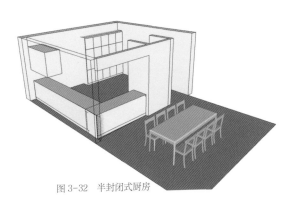

图 3-32　半封闭式厨房

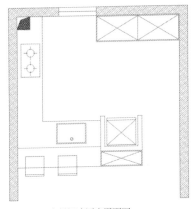

图 3-33　半封闭式厨房平面图

特点：既能保有一定的私密性，又能兼顾和起居室对话。

优点：气味和油烟不易扩散到其他空间，具有一定的私密感，能较好地隐藏杂乱。和起居室保持视线上的连通，能够减少人在厨房里的孤独感。适用于希望专心烹调的家庭。

缺点：夏季天气炎热的时候，厨房热气难以循环散去。

效果如图 3-34 所示。

图 3-34　半封闭式厨房案例

（4）封闭式厨房（图3-35）

特点：适合传统生活模式，缺少家庭参与的部分。

优点：私密感强，无论多杂乱都可以藏起来不让外人看到，油烟问题轻松解决，能够专心烹饪。

缺点：难以与家人建立交流，夏季热气难以散去，可以的话加个窗户可以增强开放感。

效果如图3-36所示。

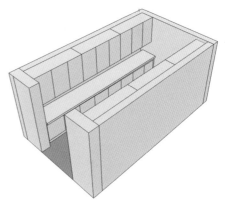

图3-35 封闭式厨房

图3-36 封闭式厨房案例

此外，厨房布局的形态还有完全独立型（中岛）、两边靠墙一字形、单边靠墙一字形（另一种中岛）、L形、U形、G形以及双一字形等。具体如图3-37所示。

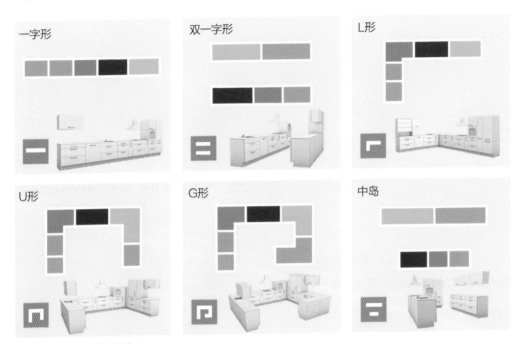

图3-37　厨房布局的部分形态

最后是大户型的厨房。大户型更倚重于功能的升级，提倡烹饪的多样化。比如中西双厨，绝不是中厨加个烤箱就可以称为中西双厨，那最多叫中西合璧。此处的西厨不再是类似水吧的那种，而是真正意义上的以烤箱为主线的烹饪处所。一个合格的西厨可以无缝产出西餐中较为经典的搭配和菜式，比如炸鱼薯条（Fish & Chips）、英式牛肉派（Steak Pie）、盐壳烤海鲈（Salt-Crusted Sea Bass）、马赛鱼汤（Bouillabaisse）等。西厨在制餐流程上和中厨接近，不同点在于西厨的储藏空间和最终的烹饪工具及电器（比如烤箱和多孔灶台等）。

如图3-38所示，在冷藏阶段，西厨与中厨的不同之处在于多了酒柜，因为很多西式菜点需要各种酒的配合。

图3-38　西餐制餐流程

在配餐阶段，西厨用到的工具和电器远远多于中厨，比如电子秤、铝合金不沾烤盘、烘板垫（不粘布）、直型羊毛刷、耐高热手套、片刀、斩骨刀、去心刀、去皮刀、蔬菜刀套装、木柄刨刀、剪刀、光口面包刀、木柄分刀、细牙面包刀、曲抹刀、磨刀棒，等等。

烹饪阶段主要有保温器（Warmer，西餐中用来热盘子的工具）、烤箱以及明火多孔灶台等，当然还少不了最重要的大吸力油烟机。

西餐料理的油烟并不比中餐少，这点和很多设计初学者的认知是不同的。要知道西餐的煎炸烤和中餐的爆炒比起来，产生的油烟更多，由于中西之间不同的建筑特色和环境以及传播中的信息流失，造成了很多人以为西厨油烟少的误解。

不过设计师要懂得一点，现在已经不再是严格将中厨放在一个空间、西厨放在另一个空间的时代了。现代的厨房设计很多倾向于中西厨合并式样，特别是大户型空间更大、更开放，注重交流和过程的参与，比如在下厨中对每个工序进行视觉、嗅觉、听觉、触觉和味觉的体验，对体验不佳的程序预先处理。

如果说功能和布局分别是厨房设计中的"长度"和"宽度"，那尺度便是厨房设计的"深度"。

无论大小厨还是中西厨，基本遵循以600 mm为模块的核心。一个烹饪的完整过程，步骤大致如下：从冰箱（600 mm宽起步）取出食材 — 放置区域（300～600 mm）— 清洗（水槽600 mm起步）— 沥水（可在水槽内或者水槽另一侧的300～600 mm区域内进行）— 切（料理台600 mm起步）— 烹饪（灶台600 mm起步）— 承盘（300～600 mm）。

高度如图3-39所示，通常使用的立面尺寸为图中左边部分，操作台高850 mm，上部吊柜距离地面约1500 mm，吊柜高约700 mm。缺点是下方柜子使用起来较为方便，上部的吊柜虽然也能够得着，但是相对来说使用率较低。

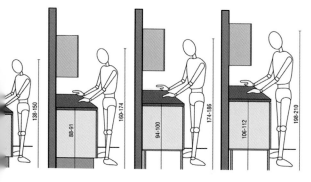

图3-39　操作台高度与人的身高有关系

因此，在条件允许的情况下，可以适当增加下部操作台的高度及下方的收纳容积。这里有一个高度的计算公式，主制餐人身高除以2再加上50 mm，即：

$$操作台高度（mm）= \frac{主制餐人身高（mm）}{2} + 50（mm）$$

通过大量实例计算，很多家庭的操作台高度一般在 900 mm 左右。此高度适合水盆及切菜的区域，炒菜如果不在同一橱柜内的话，可以适当降低一些，比主台面低 100 ～ 150 mm 即可。在这样的情况下，配合的吊柜使用起来也更为舒适合理。

综上所述，评价一个厨房的好坏，究竟要看什么？答案是收纳。收纳并非只是字面上"放得下、塞得进去"的意思，厨房的收纳还应有"能找到、好取出"的意义。

我曾经做过一个课题研讨：为什么厨房永远是堆满的？答案有很多，核心则是这样一点：人们购买东西时经常会因为各种促销或者习惯而比需求的量买得更多，而多出来的东西形状各有不同，造成柜体空间明显利用不足，同时人的放置习惯不是聚合，而是分散和就近放置，这样就导致收纳的问题永远存在。

其实对此有一个根本的解决办法，但目前还未被大众所接受。这个办法就是：在橱柜设计时便以收纳盒为基数，此时的各种收纳盒就已经定义了以后生活中各种物品的位置、数量，在生活中购买的东西都需要转入这些容器内。然而出于人们天性中的懒惰和不受约束性，这点构想起来很妙，实施起来却颇为困难。

除此之外，还可以通过建立物品间的关联逻辑来解决收纳问题，比如人们喜欢将常用的物品放在手边就是这种逻辑的基础体现。延伸一下，其他物品也一样，使用得越多，放置的位置就越方便；反之使用得越少，放置的位置也就越偏僻，如图 3-40 所示。

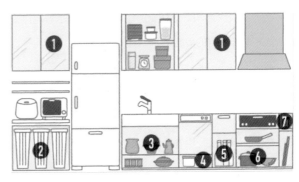

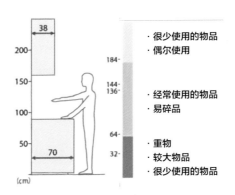

图 3-40　收纳位置对应示意图

基于以上逻辑，可以展开如下设计：

首先是吊柜设置。吊柜的空间设置可配合相应的收纳盒，统一规格的容器根据尺寸来安排格局之后，可有效提升空间利用率。吊柜上层可以放较大的储物盒，下层可以放两种，高储物盒在后排，矮储物盒在前排（储物盒使用透明款可避免翻乱）。具体放置如图 3-41 所示。

其次是家电收纳和垃圾箱收纳。垃圾箱的收纳并不是把垃圾藏起来就没事了，由于厨房垃圾不光有各种包装袋，还有各种食材残余，极易腐败，如果只是把垃圾桶藏起来，且不说使用起来是否方便，一旦忘记倾倒垃圾，泛出来的味道可是灾难性的。所以，对厨房垃圾可以进行"干湿分离"，如图 3-42 所示，使用垃圾研磨器将食材残余予以解决，避免出现生味、招虫等情况。而干垃圾就是一时忘记倾倒，也不会产生较大影响。这样厨房垃圾箱就可以尽可能掩藏起来而不破坏厨房的美感了。

再次，需要经常清洗的物品可以放在水池下的收纳柜里，这样既方便拿取，也不会占用厨房的使用空间。具体如图 3-43 所示。而不经常使用的东西可以收纳在靠近地面的储藏柜，如图 3-44 所示。

图 3-41　透明储物盒放置案例

图 3-42　厨房垃圾可以"干湿分离"

图 3-43　水池下的收纳柜

图 3-44　靠近地面的储藏柜

其他的物品，比如较大的调料瓶、油瓶等，可以放在烹饪台下的收纳屉，如图 3-45 所示，在其上方放置筷子等经常使用的小物品；锅碗瓢盆等常用器具可以放在灶底存储，如图 3-46 所示；主要调味料可以放在灶边收纳，这样做饭时可以即时顺手取出和放回，如图 3-47 所示。

图 3-45　较大物品可在烹饪台下收纳　　图 3-46　常用器具可在灶底存储　　图 3-47　调味料可在灶边收纳

如果用户预算充裕的话，要尽可能将以上的收纳载体设置为抽屉的形式，比起打开柜门弯腰翻拿，抽屉更方便实用。

最后补充一些在设计厨房时能提升日常体验的琐碎细节。

①吊柜和地柜之间的墙面最好考虑使用无缝材料，比如整体的不锈钢板、石材等，用户在清理油垢时能轻松很多。

②台面要预设前后挡水台，配合台下盆、垃圾处理器以及洗碗机等器具，能有效减少用户将来为收拾厨房而耗费的精力与时间。

③电器插座不光要照顾到台面上的，还要照顾到柜体内的，事实上柜体内的电器更多，比如烤箱、蒸箱、微波炉、垃圾处理器、电饭煲、电压力锅、咖啡机、吐司机、酒柜等，这一点一定要谨记。

④如非空间实在局促，最好不要在水盆、灶台左右 300 mm 的范围内设置电源，因为容易产生安全隐患。

⑤净水系统很实用，而目前市面上一般的直饮水（主要是冷水）对大多数用户来说安装后也会闲置，因为大家还是习惯喝热水。

⑥酒柜如非必要，还是放在厨房为好，不要放在客厅。就如同冰箱曾经作为新鲜事物而被人们放在客厅一样，人们嘲笑的不是用户，而是设计师。

5. 餐厅设计

在中国，"吃"是一种文化，既有接地气的一面，又有其风雅的一面。"把酒临风，动观竹月三五夜；品茶邀月，静听松风几多涛。"如今但凡对品位有些追求的用户，都希望自己家的餐厅能够设计得更有档次一些，而不只是停留于完成基本的功能。也就是说，设计师要重视餐厅的破局，不要以为这只是个吃饭的空间，只需一桌数椅即可覆盖。

具体来说，餐厅承载着最主要的功能"吃"及"饮"。"吃"分为单人餐、双人餐及多人餐。单人餐多是快餐，比如早餐，一个人用一张大桌难免奇怪，改为一张小桌或吧台更为合适；双人餐在大桌上吃的话，不利于两人交流和分享；家庭团聚在中小桌会显得拥挤或坐不下；在空间较小的情况下，餐厅还承担书桌、工作桌的功能。"饮"分为水、茶、咖啡一类的饮品及药品、补剂等。有一点是大多数从业者所忽略的，那就是现在的饮水机虽然越来越小巧美观，但放在客厅依然很古怪；而从水龙头接直饮水大多用户还没适应该习惯，且大多数直饮水是凉的，让用户更难适应，喝热水的习惯很难改变。因此饮、冲、泡这类放在餐厅是最合适不过的。

餐厅在商业空间中是较大的门类，和厨房息息相关，住宅中亦不例外。在不同的户型下，餐厅的设置又有哪些重点？关于餐厅的设计，由于现在一般都是餐厨一体化，所以往往要和厨房设计结合起来考虑。但是餐厨一体化有时会受限于墙体状态及空间格局，不能家家齐备。那么，在餐厨分离的前提条件下，如何让餐厅更好用且避免落入俗套，也就成了关键。

（1）小户型

较小的空间面临的主要问题是功能上收纳的不足。在空间有限及用户未养成良好整理习惯的情况下，餐桌或充当餐桌功能的桌几渐渐被各种杂物堆满，比如：

①食品：水果、辣酱、营养品、零食等。

②饮料：电水壶、茶具、马克杯、饮品（咖啡、茶叶）等。

③工具：纸巾、牙签、隔热垫、保鲜盒等。

④厨电：咖啡机、吐司机、豆浆机、微波炉等。

⑤随手物品：充电器、手机、笔等。

因此，较小空间的格局核心在于功能的复用和空间的共享，这在厨房部分也提到过。要想达到破局效果，可以考虑吧台、中岛两种形式的设计。其中吧台通常靠窗，高度为 900 ~ 1200 mm，台面深度为 400 ~ 450 mm。要注意一点，由于深度较窄的缺陷，吧台不适于居中摆放，居中会在视觉上有轻浮、质感不足的感觉，导致效果不佳。而中岛可以说是当下比较流行的一种设置，虽然也可以被延伸的桌子替代，但其储物能力却是一般的桌子所没有的。

所以，在这种类型的空间中，餐厅和厨房的边界并不明确，餐厅更多是厨房的延伸（图3-48），优先满足餐厨的储物功能为设计的第一优先级。

图3-48 小户型的餐厅更多是厨房的延伸

（2）改善户型（中等户型）

中等户型与小户型的明显区别是它有专属的餐厅空间，正式的餐桌、餐边柜都可以大大方方地摆进去了。然而最大的缺陷是这类户型的餐厅永远要留一条较宽的走廊通向厨房，一般来说至少需要800 mm的宽度才能满足用户将食物放入冰箱以及盛菜入盘上桌的行为。

当然，受限于不同户型的承重结构的差别，很多时候并不需要通过改变结构的方式来解决这种问题，而是因地制宜，在保留结构的情况下改善户型中最难的点，达到使储物量增加的目的。

设计师如果有机会回访交付较久的项目（18个月以上），可以留意一下同时具有餐边柜和餐桌的用户家居，验证一下是否存在这样一个问题，即预留的餐边柜并没有起到预期作用，相反餐桌上却堆满了杂物。其实，就像小户型一样，中等户型餐桌上堆的东西一样不少，甚至还可能增加育儿一类物品，比如奶粉、消毒器、奶瓶、婴幼儿餐具等。

出现这个问题并不奇怪，造成这种现象的原因有两点。一是空间中存在的走廊造成了某种不便。通常来讲餐边柜距餐桌都有一个走廊的宽度，这个宽度并非触手可及，因此用户会放弃隔很远将物品放回到餐边柜中的做法。二是很多人有着慵懒的惰性。事实上餐边柜自身结构有其不合理之处，常见的餐边矮柜里面只有一两层隔板，而餐桌上杂物的特性是小而碎，这样在使用一段时间后上层隔板就会形成物品堆叠的情况，而东西一旦不好找，人们就自然会把东西放到显而易见的地方，所以就又放回到餐桌上。餐边柜的下层虽然容易看到，但拿取不方便，闲置也在情理之中。

对于餐桌杂乱这件事，有个不错的解决方案，就是使用"A+B"式餐边柜，由传统的一组餐边柜变为两组。既然传统餐边柜距离餐桌太远，不妨就让其中一组紧靠餐桌，在用户触手可及的情况下，让柜子留有所用，也就是图 3-49 中所示，A 柜子用来收纳桌面时常要用的东西，B 柜子解决餐区会用到但不是经常用到的物品，这样桌面的清爽就自然达成了。

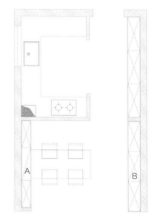

图 3-49 "A+B"式餐边柜

图 3-49 中 A 边柜深度为 250 mm，高度通顶，中间留空，用于放置随手的高频使用小物非常方便，比如杯子、纸巾盒、辣酱等。柜体中空，再加上挂画和灯具的点缀，可有效减少柜子的堆砌感。

紧挨座椅的柜体在使用上会受到影响，所以在设计时要注意使用距离。要注意处理桌子和柜子相交接的位置高度，一般桌面高度为 720 ~ 760 mm，柜体通常要高于此。

为避免地柜柜门的开闭受桌椅阻挡，非餐桌直碰处建议使用推拉门。餐桌直接交接的地方可以完全敞开，因为任何柜门在此都会形成阻碍。上面的部分可以做成横排，也可以形成围拢中空，具体按需求及实际情况来设定，这样也能更好地利用空间。

B 柜体和传统餐边柜一样，距离餐桌有一个走廊的空间，高度同样通顶，深度为 350 ~ 400 mm（具体要看是否放置微波炉），墙面预留各种插座，便于柜体内电器使用。此柜体适合盛放奶粉、饮品、小电器等。

事实上并不是有一个专用的餐厅空间就万事大吉了，有一种常见的户型困惑就来自一种很小的餐厅空间，小到放置一桌四椅都很吃力，这样的餐厅空间可以说相当"鸡肋"。

这样的餐厅空间要破局也并不是没有办法，有一种我们在餐厅见的卡座是应对该问题较为实用的思路。在餐厅面积局促的情况下，使用卡座（Car Seat，即酒吧或餐厅里使用的座位，占用空间较传统座椅为小）可以有效利用空间。传统的一桌四椅一般需要面宽 2200 mm，而使用卡座仅需 1800 mm，尤其适合于短而窄的餐厅空间。

卡座还可以省去椅子之间的间隙，使有限的空间可以做更多收纳，缓解餐厅的储物压力。比如将侧边抽屉加一个掀盖，使用起来更方便快捷。另外卡座的舒适性比硬木椅要高。传统的餐椅除了吃饭，其他方面的使用较少；而卡座无论用于端坐吃饭还是看书喝茶都很方便。

卡座布局有三种，如图3-50至图3-52所示，可以根据不同的日常需要做相应选择。

图 3-50　卡座布局 1

图 3-51　卡座布局 2

图 3-52　卡座布局 3

卡座想要做得舒适一些，就要留意细节处的尺寸，如图 3-53 所示。一般来说，卡座进深在 550 ~ 650 mm 之间，座面进深在 450 ~ 500 mm 之间，座面距桌面 280 ~ 300 mm 之间，座边与桌边相交不得大于 50 mm；靠背倾斜角度在 100° 更为舒适；脚位内缩，内缩尺寸为 100 mm 左右。

无论是餐厨一体、"A+B"式餐边柜还是卡座，都是餐厅破局的手段，要根据用户需求灵活应用，不要一味追求堆砌效果。

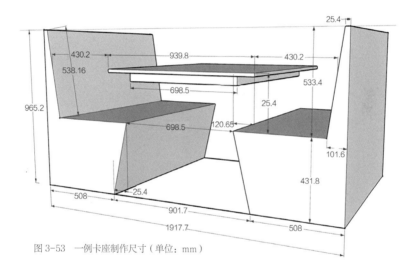

图 3-53　一例卡座制作尺寸（单位：mm）

6. 卫生间、阳台设计

国内传统的卫生间基本是功能聚合型，面池、马桶、淋浴都在同一个空间，甚至浴缸、洗衣机、打扫工具也要一起容纳，再加上卫生间多为暗卫，所以湿滑、凌乱便成为卫生间的主要特点。

因此，这样的卫生间便有着明显的缺陷。比如，洗澡时水蒸气的弥漫会导致空间湿度增加，影响空间的使用感，且不能两人同时使用，也不方便设置电源，因为高潮湿的环境很容易出现漏电隐患。然而偏偏卫生间里吹风机、剃须刀以及卫洗丽对电源的需求又必不可少，虽然有防潮插座，但每次掀盖导致使用起来较为麻烦。

所以，设计师要搞清楚卫生间应满足哪些需求，再设置相应的解决方案，最后对需要划分出去的功能进行重新配置。

设计卫生间要优先考虑日常洗漱、马桶使用和洗澡要求这三个功能，而洗衣机、打扫工具这些对卫生间来说都不是必要的，可以和卫生间拆分开来。

在拆分前，要先了解各功能区域所需要的尺寸。比如面池区一般用于洗面、洗发、化妆、更衣等，因此至少需要 800 mm 的宽度（瓷砖内净尺寸，不计周围墙体厚度）和 1200 mm 的长度，这样才能保证在有人使用面池时不影响其他人通行。当然如需收纳换洗衣物、毛巾等，则此空间还需要 1650 mm 的宽度，具体布置如图 3-54、图 3-55 所示。在这种布局下，洗衣机便有了放置的地方，同时还可以加一组立柜，方便收纳脏衣篮、衣架和清洁剂等。

倘若将梳妆台规划在内，布局就要做相应的调整，如图 3-56、图 3-57 所示。空间大小上，一般这部分区域尺寸为"1950 mm × 2550 mm"左右。也可将梳妆台与面池结合起来，节约梳妆台的专用空间，不过由于需要配备坐凳，又会损失部分储物空间。

图 3-54　宽为 1650 mm 的面池区平面图

图 3-55　宽为 1650 mm 的面池区

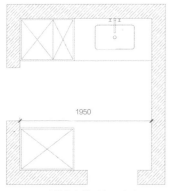

图 3-56　含梳妆台的面池区平面图 1

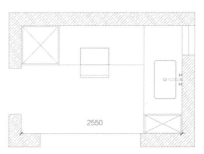

图 3-57　含梳妆台的面池区平面图 2

此处要说明的是，倘若实在无法安置晾晒区的话，卫生间不要放置洗衣机比较好，原因是动线太远。卫生间通常距离阳台或其他晾晒区较远，很多情况下抱着新洗的衣服要跑一个房间的距离，这样不但耗费体力，也容易造成麻烦。

马桶若独立出来，无论是使用砖砌墙或玻璃隔断，首先要确定门的开启方向。门向内开和向外开对空间的需求完全不同，向内开的尺寸要求为"900 mm×1300 mm（不含任何材质的净尺寸）"，向外开要求为"900 mm×1100 mm（不含任何材质的净尺寸）"，如需安置洗手池的话，空间还要再次延伸。

洗手池和洗面台的区别，如图 3-58、图 3-59 所示。

图 3-58　洗面台　　　　　　　　　　　　　　　　　图 3-59　洗手池

图 3-58 所示为洗面台，需要的尺寸宽度大约为 600 mm，长度不限，越长使用感越好，可以在台面放清洁用品，还可以作为化妆台使用，收纳功能比较完备。图 3-59 所示为洗手池，宽度可以小到 200 mm 左右，仅限于洗手，用于洗脸的话勉强可以，但是很容易打湿衣服。

了解了这两种常见的器具就会发现，洗面台占空间大但是功能齐全；洗手池功能有局限但是占用空间小，经常和马桶配套使用。

对于卫生间来说，收纳空间是非常必要的，卫生纸、清洁工具等都需要收纳。从空间的重新布局出发，为利于后期清洁，壁挂马桶是个不错的选择，马桶不落地可以避免清洁死角，水箱上方的空间可以安置较薄的柜体，用于收纳纸巾等，清洁马桶的刷子可以改用马桶喷枪。这样，马桶区干净整洁的同时也消除了小空间的局促感。

淋浴区面积一般为"900 mm×900 mm"，舒适的单人淋浴一般为"900 mm×1200 mm"。门要尽量向外开，以便有效避免安全隐患。同时由于区域分离，淋浴区不像常规门高1800 mm或2100 mm，而是通顶，这样对空间的空气互动就提高了要求。日常所用的换气扇多数是只排气不进气，这种并不适合密闭的淋浴区，可以考虑使用另外两种：第一种是带有进风和出风的换气扇，可以同时给气和排气；第二种是只进的换气扇。对于密闭淋浴区来说，能同时给气和排气要优于只进气的风扇，而只进气的风扇又好于只排气的风扇。所以，在做淋浴分离时要注意排风扇的选择。

浴缸一般有1100 mm的坐浴浴缸，也有1600 mm的泡浴浴缸，至于双人浴缸这些小户型基本难以用到的暂时跳过。在设置时要注意浴缸与淋浴尽量避开。

现在比较流行对卫生间进行干湿分离，用户能接受的就是把面池和其他功能区域分开，达到所谓的"干湿分离"。但这样实质上只是"公私分离"，解决的是"早高峰"家人几乎同时洗脸、如厕的难题。这样的空间需求是面池区的800 mm加上马桶区和沐浴区的1900 mm，再加上中间的墙厚，合计在2800 mm左右。

灯光上，除了居中的主灯，还可以在镜面留有辅助灯光。如此处理是兼顾化妆的需求，在镜面处用冷光，色温在5000 K左右，照度在400 lx以上。

由于面池区还兼顾部分展示的作用，所以在柜体的设置和选择上，要尽可能多地考虑收纳性。比如镜面换为通体的镜柜，空间上如果有可能的话，可以配立柜；地柜可以用抽屉式，便于拿取和日常使用，若用挂墙式，要记得改墙排。

浴室柜三边一般全部是砖类附面，这样可以减少墙面湿润发霉的可能。

但以上并非真正的干湿分离。真正的干湿分离是面池和马桶在一个空间，算干区；淋浴在另一个空间，算湿区。实际如图3-60、图3-61所示。这样空间需求更小，同时还解决了潮湿的问题。

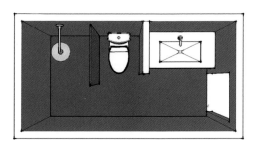

图3-60　干湿分离卫生间平面图

图 3-61　做好干湿分离的卫生间

　　还有一种设计是在卫生间空间足够大的情况下，面池区、马桶区、淋浴及浴缸部分完全独立，杜绝潮湿的可能。在三者独立的同时让面池区居中，这样不用预留专门的过道空间，可有效提高空间利用率。

　　除此之外，卫生间的设计还有分离及动线循环的方式。前面提到过要把洗衣机请出卫生间，这里的分离指的就是以洗衣机为核心的家务区。在各功能分离的同时又形成一个环绕动线，厨房、面池、马桶、淋浴、家务在一条环线上，从面池区更衣后进入淋浴区，换下的衣物直接拿到家务区清洗，厨房的抹布等也可以很方便地拿到家务区清洁，用户在做饭的同时可以兼顾洗衣机的运行。这条动线如果能和衣帽区互动起来则更加完美，这样洗衣机清洗完经过晾晒或烘干之后，可以就近收纳放置。

　　但目前来说，独立的家务区还不为大部分用户所接受，尤其是在空间有限的情况下，划出一个家务区更觉奢侈。事实上，处理家务还有一个更好的地方——阳台。

　　阳台承担的主要功能是通风、采光以及观景。在保留阳台观景功能的同时，如果能承担起清洁功能会更好。

　　在阳台设置清洁功能，首先要注意位置的选择。如果户型里有两个及以上阳台，设计时倾向于选择南向阳台，这样可以更好地和晾晒功能衔接。至于洗衣机和清洁工具（比如吸尘器、蒸汽拖把等）的放置，可以在阳台设计一个柜子来收纳，柜门一关，阳台格外整齐。

7. 衣帽间设计

现在户型内融入衣帽间的设计并不罕见，但具体的布置方式却大有可深化之处。不同面积、不同形式和格局的衣帽间带给用户的体验完全不同，先从尺寸讲起。

小型衣帽间的尺寸一般为"1800 mm × 1800 mm"，整个布局方式为Ⅱ形，如图3-62所示，中间有600 mm的走廊，两侧为各宽600 mm的柜体。虽然不能在其中换衣试装，但满足用户的当季衣帽储物需求绰绰有余。

图3-62 小型衣帽间平面图

中型衣帽间一般面积为5 m²，大概有两种类型的设计：一种是Ⅱ形格局不变，长度拉长，尺寸为"3000 mm×1800 mm"，这样储物空间更为充足，如图3-63所示；还有一种是L形，这种格局可以让其中一边安置穿衣镜及更衣的凳子，但是储物空间会有所减少，如图3-64所示。

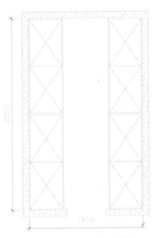

图3-63 Ⅱ形中型衣帽间平面图

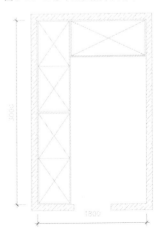

图3-64 L形中型衣帽间平面图

大型衣帽间的面积一般在 7 m² 及以上，能以 U 形来排布，尺寸为 "2700 mm × 2700 mm"，对收纳的提升已经不太明显，更多的是提供物品分区、整齐归类的功能。论起储物比率，反而是 3 m² 的空间利用率较高一些。其实对大型衣帽间来说，分区才是提升收纳的利器。此处 "分区" 的意思指的不是柜体内的格局，而是将空间更好地划分以提升利用率。如图 3-65 所示，用柜子将大型衣帽间划分成两个区域，或者将一部分区域设置为家务区或更衣区，都能更好地利用空间，避免衣服堆积而产生 "垃圾场"。

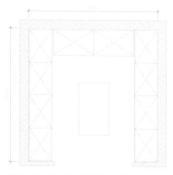

图 3-65　用柜子将大型衣帽间分区

不过利用率高的衣帽间布局依然存在衣物堆积的可能。如图 3-66 所示，这是两个面积相近的收纳设置，左侧为两个衣柜的布局，右侧为同等面积的衣帽间的布局。衣帽间中红圈的部分，也就是衣帽间的 "内部" 往往成为 "垃圾场"。其原因是衣帽间内部功能分区不清晰，并且通道狭窄，靠里面的衣服收拾起来比较困难，因此成为衣物堆积的场所。

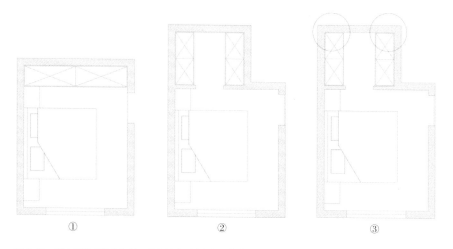

① ② ③

图 3-66　两个面积相近的空间，①布局为两个衣柜，②为衣帽间，③所示红圈部分是衣帽间容易堆积的地方

要避免杂物堆积，在设计上有两种方式可以参考：

①当进深较大的时候，越靠内部的衣物无疑越会难以整理，但如果愿意稍微降低收纳率而采用 L 形布局的话，就能够解决这个问题。但 L 形布局的转角处并不好用，具体布置如图 3-67 所示，因为转角处存在障碍，事实上这个部分也确实会经常堆积杂物。相比之下，不妨将难以利用的转角部分作为从外部利用的小衣橱或收纳空间来使用。

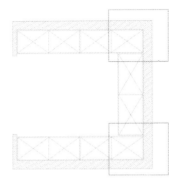

图 3-67　转角部分作为收纳空间来使用

②从步入式衣帽间到贯穿式衣帽间。简单来说，步入式衣帽间是让人进入一个收纳空间进行收纳和整理，而贯穿式衣帽间则能够让人横穿而过，这样衣帽间就不存在过深的问题，无论从哪边进入，都可以进行收纳和整理，自然"垃圾堆"的情况也就无从谈起了。实际布置如图 3-68 所示，①为步入式衣帽间，②为贯穿式衣帽间。相对于第一种衣帽间的模式来说，贯穿式衣帽间可以让用户起床后在穿过衣帽间的过程中拿取衣物，大大缩短早上找衣服的时间。但是这种模式需要增加衣帽间的通道。

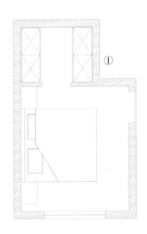

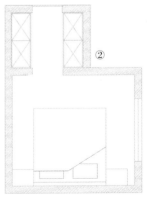

图 3-68　①为步入式衣帽间，
②为贯穿式衣帽间

可以说，这两种模式各有千秋。步入式衣帽间对空间的划分更明确，并且从外部进入卧室更为便捷，但是会有衣物在内部堆积的可能。贯穿式衣帽间能够解决衣帽间进深大造成的收拾不便的难题，并且提高找衣服的效率，但在进入卧室时必须穿过衣帽间，造成了一定程度的动线拉长的问题。结合这两者的特点，在设计贯穿式衣帽间的同时不妨保留直接进入卧室的通道，如图3-69、图3-70所示。

图 3-69　衣帽间在卧室内

图 3-69 是衣帽间在卧室内的情况，进门之后穿过衣帽间；图 3-70 为衣帽间设置在卧室外的情况，可以穿过衣帽间再进入房间，也可直接进入卧室。第一眼看上去或许觉得两者没有差别，实际上图 3-69 中的衣帽间属性更为私密，是属于卧室主人的；而图 3-70 中的衣帽间则更倾向于"家庭共用"的属性。

按照这种逻辑，又可以衍生出很多新的布局方式和使用模式，比如：

①用衣帽间连接卧室和书房。两个房间都需要大量的储藏空间，共用衣帽间能够提高收纳效率，并且在卧室和书房之间形成一个过渡空间，有"藕断丝连"的空间感受，如图 3-71 所示。

图 3-70　衣帽间设置在卧室外，且可直接进入卧室

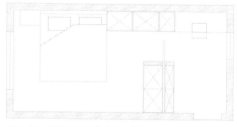

图 3-71　用衣帽间连接卧室和书房

②用衣帽间连接浴室和卧室，能够形成"主卧—取衣物—浴室"的豪华动线。但是需要谨慎处理卫生间的干湿问题和整体户型的布局，避免因小失大，如图3-72所示。

③衣帽间的出入口在主卧室和走廊各设置一个，连接到阳台区，形成贯穿式动线，即"洗衣—干衣—折叠—熨烫"的线性集成，如图3-73所示。

再如图3-74所示，这两个布局中，下面的设计方案是从走廊进入衣帽间，衣帽间相对独立；上面的设计方案则更接近于我们印象中的衣帽间，也就是作为卧室的附属部分而存在。事实上这两个布局的面积差不多，上方空间为19 m²，下方空间为18.5 m²，只不过面积的分配方式有所不同。下面的方案是将空间划分成通过走廊连接的三个空间，分别作为书房、衣帽间和卧室，而上面的方案则是把空间分成一个13 m²的大卧室和6 m²的衣帽间。下面方案的卧室较窄，但是对于一些用户来说，如果对卧室活动要求不高的话，这个面积已经足够了。事实上近年来随着在卧室设置壁挂式电视机的用户大大增加，这个空间已经能够满足一般的使用需求。再加上很多家庭存在成员睡眠时间不一致的情况，相对来说下面方案的布局也许更适合一些。因此，在设计中，比起单纯考虑空间的大小，更重要的是对使用情况的把握和动线的安排。总之，在住宅中设置步入式衣帽间可能并不仅仅涉及一个房间的设计，需要设计师结合整个屋子的使用情况、面积规划、动线等诸多因素进行综合考虑。

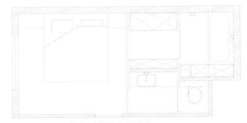

图3-72　用衣帽间连接浴室和卧室

图3-73　衣帽间的出、入口在主卧室和走廊各设置一个，形成贯穿式动线

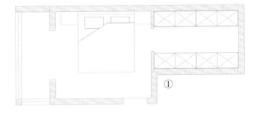

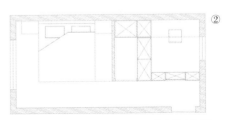

图3-74　①是作为卧室附属部分而存在的衣帽间，②是相对独立的衣帽间

8.儿童房设计

很多用户喜欢把孩子的房间填满,从而营造出一种充实的满足感。身为设计师,可以理解家长的想法,但儿童房的设计还是要从孩子的成长轨迹出发。

设计师要想让儿童喜欢自己的房间,就要考虑为什么要有儿童房,儿童和成人有什么区别。具体来讲,对怎样设计儿童房这件事,设计师首先要弄清楚一些问题:儿童房的设计准则是什么?儿童房的核心功能是什么?对不同年龄的孩子,要怎么布置儿童房?儿童房采光重要吗?如何让收纳适应孩子的成长性?男孩和女孩有哪些方面的差别?……

其实,儿童房真正的目的是要满足专属于孩子的使用功能以及建立孩子自己生活的独立空间。其核心特点是功能和自立,在考虑这两个核心目的的同时还要考虑到孩子异于成人的特征。

孩子的特征有四点,即:身心尚未发育成熟,有强烈的好奇心,需要陪伴和督促,成长变化迅速。从这四个特征出发,结合功能和自立两个目的,儿童房的设计有这样四个准则:首先是安全,包括身体安全以及能够给孩子以安全感;其次是简单,让孩子独立生活变得容易;再次是有趣,可以满足孩子的好奇心,让他们能够在生活中学习;最后是可变,一成不变的儿童房一般两年就过时了,所以儿童房的设计要有变化的余量。

由此可见,儿童房设计的思考模式便是上述双核心与四准则,这就是儿童房设计的基础,它可以解决后面遇到的各种困惑。

那么儿童房的核心功能是什么?这就需要设计师知道儿童在家里到底会做哪些事情。下面的表格是 5 ~ 12 岁孩子的活动时间记录表,可以帮助设计师了解相关情况。

表3-1 5 ~ 12岁孩子活动时间记录表

	时间段	活动内容	发生地点	事件类型	当日占用时间／h	一周时间汇总／h
周一到周五	6:00—6:30	起床洗漱	卫生间	独立活动	0.5	2.5
	6:30—7:00	吃早饭	客餐厅	家庭活动	0.5	2.5
	7:00—8:00	上学路上	室外	无	1	5
	8:00—16:30	上学	室外	无	8.5	42.5
	16:30—17:30	回家路上	室外	无	1	5
	17:30—18:30	补习班(户外玩耍)	室外	无	1	5
	18:30—19:00	吃晚饭	客餐厅	家庭活动	0.5	2.5
	19:00—20:30	写作业	客餐厅	有限家庭活动	1.5	7.5
	20:30—21:00	看电视	客餐厅	有限家庭活动	0.5	2.5
	21:00—21:30	洗漱	卫生间	独立活动	0.5	2.5
	21:30—22:00	讲故事	卧室	有限家庭活动	0.5	2.5
	22:00—6:00	睡觉	卧室	睡眠	8	40

续表 3-1

	时间段	活动内容	发生地点	事件类型	当日占用时间 / h	一周时间汇总 / h
周六、周日	8：00—8：30	起床洗漱	卫生间	独立活动	0.5	1
	8：30—9：00	吃早饭	客餐厅	家庭活动	0.5	1
	9：00—11：30	补习班（户外玩耍）	室外	无	2.5	5
	11：30—12：30	吃午饭	室外	无	1	2
	12：30—14：00	玩耍	室外	无	1.5	3
	14：00—15：30	午睡	卧室	睡眠	1.5	3
	15：30—17：30	上补习班	室外	无	2	4
	17：30—18：30	写作业	客餐厅	有限家庭活动	1	2
	18：30—19：00	吃晚饭	客餐厅	家庭活动	0.5	1
	19：00—20：30	看电视	客餐厅	有限家庭活动	1.5	3
	20：30—21：00	洗漱	卫生间	独立活动	0.5	1
	21：00—21：30	讲故事	卧室	有限家庭活动	0.5	1
	21：30—8：00	睡觉	卧室	睡眠	10.5	21

不同年龄段的孩子，要如何给他们布置房间呢？一般来说，2～5岁的孩子，家里缺的是孩子玩耍的地方，5岁以上的孩子，家里缺的是写作业的地方，睡觉的地方大多是不缺的。

2～3岁的孩子一般会和父母一起睡，其活动区域主要在客厅。在客厅里准备一张干净的毯子，就能让孩子有足够的活动空间。如果能在客厅布置1 m以下属于孩子的矮柜或柜子，会有助于从小锻炼孩子的收纳整理能力。

3～5岁的孩子在上幼儿园，慢慢地也可以独立了，这时孩子居住的地方就需要单独分区。但此时孩子依旧年幼，为了方便父母照顾，可以先不分房间，而是在同一个房间内进行软隔断处理，比如使用布帘、折页帘等，具体布置如图3-75所示。孩子在客厅的活动区依然要保留，待孩子再长大些，比如5岁以后，客厅就可以恢复原样了。

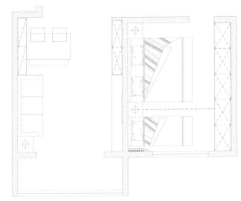

图 3-75　在同一个房间内进行软隔断处理

5 ~ 12 岁的孩子进入了重要的学习阶段，每天花费大量时间在学习和写作业上，既需要家长的陪伴和辅导，又要避免受到干扰。这时，独立的儿童房就应该准备起来了。除了专门的儿童房间，在房间里开发出一个半开放的作业区，也可以定义为儿童书房。这样既保证了儿童房的独立，又能方便家长辅导孩子，还能让孩子不受客厅的干扰。而客厅仍旧作为家庭活动区，就餐和其他亲子活动都可以回到客厅进行。当然，如此布置也是需要足够的空间配合的，如图 3-76 所示。

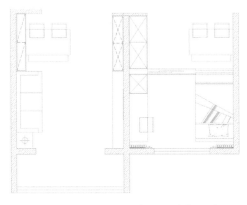

图 3-76　在房间里开发出一个半开放的作业区，也可以定义为儿童书房

12 岁以上的孩子，事实上可以给予一定自由，没必要过多监督，换句话说，可以把孩子视为半个成年人，也就不需要"儿童房"这个概念了，对房间进行正常的布置即可。

那么，儿童房的采光重要吗？这主要看孩子在家的时间。从上幼儿园开始，孩子和父母在家的时间比较接近，工作日白天在外居多，晚上才回到家里，一天也就两三个小时能在家感受日照。所以，如果采光不甚理想的情况下，与其考虑怎样增加采光，不如把更多的关注点放在灯光上，用灯光来进行光线上的补充。在照度平均的基础上进行局部增减，照度首先要达到阅读书籍时所需要的照度，一般为 100 lx，其他夜灯、书桌灯要再进行补充，一般来说书桌灯要保持在 300 ~ 500 lx，夜灯的灯泡要保持在 1 ~ 3 W。

另外，如何让收纳适应孩子的成长性？儿童房收纳设计的关键不在于当前空间是否足够，而在于能否适应孩子成长过程中所需要的不同格局。在柜体的设置上，可以优先考虑侧板多排孔，因为这样的设置可以随着孩子的成长对柜体内部各层进行高度调节，避免衣柜成为占地的摆设。

最后一个问题，对男孩和女孩来说，儿童房的设置有什么差别吗？设计师要明白一点，孩子的房间在设置上绝不只是颜色不同，更主要是活动内容的区别。男孩使用的空间一般比较大，有研究结果表明，3 ~ 8 岁的男孩在家里的活动强度一般比女孩高 25%，但是 8 岁以后慢慢趋同，大男孩开始喜欢到户外玩，另外要注意电子游戏对孩子的影响。所以家里如果有 8 岁以下的男孩，请给他空出更多的地方；家里有 8 岁以上的孩子，尽可能组织活动，带孩子外出游玩，避免游戏吸引其注意力。

二、创意概念方案

对于什么是"概念方案"，很多从业者是比较迷茫的，既不清楚概念的意义，也不清楚其重要性，更不要说设计和思考了。一些经常翻阅前辈案例的设计师可能还知道有概念设计的步骤，但在日常工作中很少应用，时间一久就把它当成一种"玄学"或仅看成一种形式。比如讲到住宅内的工艺，通常会找一些手作的图片来表现，如图 3-77 所示，然而这样的图片其实很难有落地感。这就是现在从业者对概念设计知识缺乏所出现的问题。

图 3-77　用手作图片来表现住宅内的工艺，其实很难有落地感

这里我将先说明概念方案的意义，然后是其重要性，最后对概念方案的设计和思考进行分析。

概念设计的英文为"Concept Design"，可见这是一个直译过来的概念。事实上概念设计是一个在设计领域里普遍存在并且非常重要的环节，不过它的名称有很多，比如初步设计、初步方案等，总的来说在建筑设计规划、工业造型以及时装设计等行业中是设计师必备的能力。通俗地解释一下，概念设计就是要优先考虑视觉上的效果，然后用很多技术环节来实现这种视觉效果的一种工作方式。

概念包含理念和观念，而理念和观念又包含但不限于宏观概念、模式概念和平面销售构想等。从这些词语中可以看出来一个共性，就是概念其实指的是某种自成体系的理论和价值观或世界观，是一套准则。

人类早期的概念行为主要用于解释已有的事物和现象，比如时间观、生死观、宇宙观等；后来逐渐有了先提出概念再尝试其可能性的行为，比如观察鸟类飞翔，由此总结并提出人类通过制作飞行工具也可以做到的构想。这些构想提出来的时候往往还没有经过实践的检验，事实上很多构想最终被证明只是空想，但若是没有这些近乎妄想的观点的不断提出，也就不会有各种各样的发明。简单来说，所谓概念就是提出新的思考角度，新的模式和准则，或者打个比方，是一条"新路"。也许 99% 的新路终点都是死胡同，但只要有一条能够走通，那它开启的就将是一个全新的领域。

对室内设计来说，概念方案并不是为了概念而硬要杜撰出一个概念，它的本义是在省视既有条件之后对其做出优化或提供新的观察角度，是解决问题的开始。说得再直白一些，就是对既有环境做出响应，发现问题并解决问题。

比如设计师若只是单纯地在房间内放置 Z 椅（Z chair）或彻纳侧椅（Cherner side chair），如图 3-78 所示，这种行为并不涉及"概念"。概念的意义在于这把椅子解决了哪些问题，这把椅子可以是一个读书角，满足用户读书的需求。

图 3-78　Z 椅和彻纳侧椅

那么，概念有多重要呢？概念可以说是一个项目的点睛之笔，任何一个专业都不可能没有概念。概念没有具体的方向，不同的情况下有不同的概念方案，可能是空间布局，也可能是材料选择应用等。在整个设计期间，设计师会有很多想法，有些不符合设计理念，有些则无法贴合实际，而概念就是在设计过程中对想法的提炼和升华。独特的想法可以抓人眼球，不独特的也不一定不好，只要你的设计在解决需求的同时还做得好看，并给人留有更多想象的余地，那就是个很棒的设计概念。

延续上面的例子，书架和椅子是需求的解决方案，敞开式书架和选择的椅子类型是美观的基础，相关陈设品如落地灯、绿植等是美观的延伸。这就是概念的重点。

概念方案的设计和思考是实际应用的关键。概念方案首先要基于用户对环境的需求，在明确这一点后再进行升华。比如用户喜欢下厨，那从中就能看出用户对厨房空间、设备的需求，对分享的态度和与家人的关系。所以针对用户特点，设计一个大厨房是必要的，各类电器设备理应备全。但是一个人闷在厨房是很无趣的，所以就需要影音设备和家人的陪伴。基于这种情况，概念方案就不能只定位为"一个大厨房"，而应是"随时共享美味"。

提出这个概念后，再将具体的想法逐一落地。该概念的定位即贴合"用户的爱好"，因此概念落地需要解决的问题是：扩展厨房空间感，避免油烟，避免无趣烹饪。

从概念提出到落地都完成后，最后要对用户进行效果说明。比如说明你的设计可以让用户的家人一起参与制作美食，有利于建设家庭氛围，并且饮食更为健康，还有空间整洁、干净，没有满屋油烟、饭味的烦恼，更重要的是完全符合用户的需求，无论个性化还是使用功能都超过常规标准。

如果想对设计概念进行更深入的探索，建议阅读《元城邦高级建筑学词典》（*Metapolis Dictionary of Advanced Architecture*）一书。此书虽然主讲建筑的设计概念，但室内设计亦可参考，对概念分析阐述得十分透彻。

在了解概念方案的意义之后，有一个问题：如果做概念方案的时候没有灵感该怎么办？

的确，我们前文讲了需求，讲了布置的破局点，事实上这些是整体设计的皮和骨，而作为设计中真正的灵魂，设计概念要如何养成呢？

设计师要明确一点，灵感是由"数量"和"质量"构成的。我无法给出具体的培养灵感的课程，但可以提供一个方法，那就是设计师要多学多看。这句话听起来好像很简单，但真正做到并不容易。只有不断对庞大数量且有较高质量的设计作品进行吸收和消化，才能形成设计师自己的灵感。

那么，庞大数量的参照从何而来呢？这里提供一些途径，方便设计师去找寻自己的灵感。

线上网站：*Behance*、*Houzz*、*RetailDesignBlog*、*TheDesignHome*、*HGTV*、*Archdaily*、*MOCO LOCO*、*Pinterest*、*Home adore*、*Designaddicts*、*Caandesign*、*Home Life*、*Coroflot*、*Curbed*、*Dwell*、*Waveavenue*、*Interior Design*、*Design Milk*、*DesignSpiration*、*Trendsideas*、*OnekinDesign*、*HomeTalk*、*DesignSponge*、*Freshome*、*Lonny*、*Wayfair*等。

线下杂志：*CASA BRUTUS*、*AXIS*（以上两本创刊于日本）；*ELLE DECO*、*DWELL*、*Interior Design*、*Architectural Digest*、*The International Design Magazine*（以上五本创刊于美国）；*ICON*、*WALLPAPER*、*FRAME*、*DOMUS*、*ABITARE*、*INTERNI*（以上六本创刊于欧洲）。

酒店及商业环境：半岛、四季、文华东方等；凯悦旗下的柏悦、君悦、凯悦、安达尔斯、凯悦嘉轩；香格里拉旗下的嘉里、盛贸、香格里拉；希尔顿旗下的华尔道夫、康莱德、希尔顿、希尔顿逸林、希尔顿花园、希尔顿欢朋、希尔顿欣庭、希尔顿分时度假、希尔顿惠庭；洲际酒店旗下的皇冠假日、英迪格、华邑酒店及度假村、洲际酒店及度假村、假日酒店及假日度假酒店、智选假日酒店；喜达屋旗下的豪华精选、瑞吉、W酒店、艾美、威斯汀、雅乐轩、喜来登、源宿、福朋喜来登；万豪旗下的丽思－卡尔顿、宝格丽、JW万豪、傲途格精选、万豪、万丽、万怡等；雅高国际旗下的索菲特、铂尔曼、美憬阁、美爵、诺富特、美居、宜必思；卡尔森旗下的丽笙、丽笙蓝标、丽晶、丽亭；温德姆旗下的华美达、豪生、温德姆及温德姆至尊；悦榕旗下的悦榕、悦椿及悦榕庄；安缦、安纳塔拉、第六感、卓美亚等。

线上的网站要多浏览，线下的杂志要多翻看，如果有机会去酒店体验，要留心常见的关键环节各酒店是如何处理的。总之，设计师要保持好奇心，认识到自己的不足，才能看到新意，学到好设计。

当然，灵感也有好坏之分。有些人说设计的价值不高，就是因为部分设计师提出的是无法实施的灵感，这种灵感常常是一拍脑袋脱口而出，这就是低价值的表现。只有能前后关联、延伸并落地的灵感才是好的、有价值的。

在接触上面列出的庞大素材库时，我们看到的大多是已经完善、闭合的逻辑环，如何吸纳其优点而避免粗浅地复刻拼合呢？有三个关键点：看、想、做。

"看"指的是看空间布局规划（图3-79）、色彩计划、活动家具的组合方式、生活方式、视觉体验空间艺术性以及饰品、场景、功能的组合方式等；"想"指的是在接触好看的素材时，想一想打动你的地方是什么，这里的"想"可以不局限于某件家具或事物，而是从氛围出发，去思考这种氛围的组成结构和元素；"做"指的是明确目标后的着手实施，并在实践中加强学习。

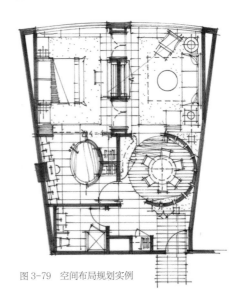

图3-79　空间布局规划实例

无疑，"做"是最难的，那如果不知道如何着手该怎么办？答案是拆解，将一个问题拆解为多个步骤来完成，每个小的步骤是自己能够解决或通过短暂时间的学习和练习之后就能解决的。比如，概念方案作为一个整体可能是模糊的，但可以将其划分为人物定位、场景定位、风格定位、色彩定位、细节定位和项目（或元素）定位等六点（图3-80），当这六点完成了，概念方案也就完成了，本质上概念方案就是由这六点组成的。

图3-80　概念方案可划分为人物定位、场景定位、风格定位、色彩定位、细节定位和项目（或元素）定位等六点

三、如何让你的效果图带有感染力

由于现在市面上大部分效果图都比较粗糙，所以个人认为此处的"感染力"有必要拆解成两部分来说。

首先，对于大部分未受过艺术训练的无专业背景的用户来说，他们脑海中的意向多与现实世界有着紧密联系。可以说他们所熟知的是身边的真实场景，对图面表达处于一种比较朴素的认知状态。很多用户的认知比较固化，所以要打动他们，就要尽可能地贴近真实才能达成效果，其理想境界是"所见即所得"，如图 3-81 所示。

图 3-81 "所见即所得"的效果图

事实上，要想打动用户，在设计及图纸制作中可以遵循一些简单的技巧：

①反复（Repetition，又称为"连续"）。意思是将同样的形状或色彩重复安排放置，由于这些形状或色彩性质全无改变，仅是量的增加，所以彼此之间并无主从关系。例如希腊神殿中的柱子，形状、大小、粗细都一样，且以同等间隔排列，这就是一种反复的形式。一般而言，反复的形式比较有秩序，给人以单纯、规律的感受，在其他的艺术类别中也常可见到。在造型与视觉艺术上，单一的图案或形体经由上下左右不断地重复，会使作品空间充满这个元素，从而呈现出一种有秩序的感觉，比如

水墨画中大面积同样笔触的皴法、墙面装饰中同一材质与色泽的瓷砖拼贴等，都是运用这一形式的例子（图3-82）。

图3-82　反复连续的石材

②渐层（Gradation，又称为"渐变"）。渐层是指将构成元素的形状、材质或色彩以有序的形式进行层层变化。例如，同一种形状的渐大或渐小、同一种色彩的渐浓或渐淡、空间或距离的渐远或渐近、光线的渐明或渐暗等，均属于渐层的形式变化。在这些渐增或渐减的层次变化中，即能表现出渐层的美感。渐层的基本原理与反复相类似，但由于其中形或色的渐次改变，使得画面比较活泼，给人以生动轻快的感觉。中国建筑中的宝塔、乐曲中音量的渐强渐弱、文学小说中情节高潮的堆砌、群舞队形的渐次缩小或扩大等都是渐层形式的例子（图3-83）。

图3-83　渐变颜色的马赛克形成的立体人物脸谱

③对称（Symmetry）。对称可以说是所有形式中最为常见且最为安定的一种形式，能给人平和、庄重的感觉，虽然有容易失之于单调的缺点，但在稳定人的情感方面作用显著。古人对审美的认识，首要的原则就是对称。古希腊时期的毕达哥拉斯学派认为"对称是最完美的形状"。对称依其属性分为"点对称"与"轴对称"两种。点对称又称为"放射对称"或"旋转对称"，是指以一点为中心做回转排列时所形成的放射状对称图形。"轴对称"又称"线对称"，是指在视觉的画面中，设立一条假想中的轴线，在此假想轴的两端分别放置完全相同的形体，即成对称的形式。若假想轴为垂直线，则为左右对称；若假想轴为水平线，则为上下对称。也有上下左右均呈现对称状态的情形。在建筑物中、室内布置上常常能见到对称形式（图3-84）。

图 3-84　明显的中轴对称

④均衡（Balance，又称为"平衡"）。
均衡是指在视觉画面中的假想轴两旁分别放置
形态或不相同但质量却均等的事物。如此一来，
画面中的事物虽然并不相等，但在视觉的感受
上，却由于质量相差无几而产生均衡的感觉。
对称必定均衡，但均衡并不都是对称，因为假
想轴两侧的物体仅是质量相等，形式却各异。
事实上均衡本就分为两种，一种即对称，是"对
称式的均衡"，另一种是在作品的质感、造型、
材料等元素的组合上，借由相互之间的大小、
远进等关系的调节，产生一种在质量上的均衡，
是"非对称平衡"。两者相较之下，均衡具有
弹性变化，给人以活泼、优美而具有动势的感
觉。在各类艺术中，绘画的画面安排、雕塑的
结构安排、舞蹈动作的设计以及景观的造型布
置等诸多方面，都会经常运用这种形式原理（图
3-85）。

⑤调和（Harmony）。调和是指将性质相
似的事物并置一处的安排方式，这些事物虽然
并非完全相同，但由于差距微小，因此视觉上
比较融洽相合。比如，形状有调和序组，色彩
则有调和色的搭配。在调和的形式中，由于构
成物互相之间的性质类似而差别不大，因此变
化也较小，给人以协调、愉悦的感觉。在室内
布置的设计上常会使用这种形式，以使视觉环
境避免产生突兀之感（图3-86）。

图 3-85 对称式均衡

图 3-86 运用调和手段的设计

⑥对比（Contrast，又称为"对照"）。其安排方式与调和相反，是将两种性质完全相反的构成要素并置一处，试图营造出两者之间互相抗衡的紧张状态。无论形状、色彩、质感还是方向、光线、声音、力度、速度等，都可以形成或大或小、或浓或淡、或粗或细、或快或慢、或明或暗的对比效果。对比在应用上的意义主要是突显两者或两者以上元素之间的不同，或者区分群己、强调宾主的关系。若是要突显主题，通常主题会小、客体会大，产生以大显小、以多衬少的效果，这是由于人类视觉感官上有一种聚焦特性，所谓"万绿丛中一点红"，就是这样一个视觉对比的例子。对比是各种艺术门类经常使用的方法，应用得当，并列的不同之物便可彼此衬托而各显其美（图3-87）。例如中国建筑常见的红墙绿瓦、戏剧情节中的忠良奸恶、乐曲中的锣鼓之声与细弦之音等，都是对比之美的例证。

图3-87　青色和金色对比

⑦比例（Proportion）。比例在造型艺术上的特性有两种，一种是一个物体内各部位的相对视觉比例，另一种是整体构图形态内各物体间的相对视觉比例，也就是指在一个画面中部分与部分之间的关系。比例的形式不仅符合对称、均衡、调和、渐层等涉及整体性的稳定与平衡原理，也反映出远近、大小、高低、宽窄、厚薄等个体与整体的相对关系（图3-88）。若两个物体在比例上不符合视觉习惯，通常就是一件比例不协调的失衡作品。比例的原始根源可在许多生物的有机形态中发现，例如人体各部位的尺寸大小关系以及贝壳、树叶、树枝、花朵与竹子等的比例。在美术发展史上，比例是常被应用的一种形式，在古希腊建筑及雕刻中，适当的比例甚至被视为是美的代名词。比如著名的黄金比例0.618：1，无论古埃及金字塔，还是巴黎圣母院，抑或法国埃菲尔铁塔、希腊巴特农神庙等，都有黄金分割的痕迹。

图 3-88　运用比例手段的设计

⑧节奏（Rhythm，又称为"律动"）。节奏是大自然的一种基本现象，比如每年的四季循环，每月的潮汐变化，每天的日升日落，甚至宇宙的运行都具有规律的特质。节奏有着抑扬的变化，又有和谐、统一的美感。在绘画作品里，节奏是指将画面中的构成元素如形状、色彩、线条等进行周期性的交替变化，从而在视觉上产生波动的运动感，使人产生或轻快或激昂或缓慢或跳跃的情绪。20 世纪的"欧普艺术（Optical Art）"即以严谨的科学设计将色彩、线条、图案做不断的排列组合，呈现出一种繁复的对称美，以及一种富有秩序的律动美。节奏的手法大多是运用相同元素以反复的形式来塑造。节奏分为"交替式节奏"与"渐进式节奏"两种：在节奏变化中，相同元素在一个规律的状态中重复、交替出现，此为交替性的节奏；渐进性的节奏则是借由某些元素规律性的连续改变而形成，这些变化的元素包含形状的大小、颜色的轻重、质感的渐变等。我们在生活中，对渐进式的节奏是相当熟悉的，譬如我们站在一座大厦前向上仰望，我们看到大厦的窗户朝大厦顶端逐渐变小，一般会认为这是透视造成的视觉效果，实际上这也属于一种渐进式的节奏。因此，渐进式节奏除了运用反复的原理之外，视觉焦点是其变化的关键（图 3-89）。

图 3-89 运用节奏手段的设计

⑨统一（Unity）。统一是指在一幅复杂的画面中，寻找一个各部分的共通点，以此来统合画面，使画面不至于七零八落、散漫无章。无论美术作品使用哪种形式原理，都必须顾及画面趋于统一的重要性。具有变化性的作品，视觉效果必定较为丰富；如果缺乏变化，则画面将流于呆板；但若仅顾及变化，画面又将失之紊乱。因此在安排画面时，不但要以多样的变化来充实画面，也要以"寓变化于统一"的手法来观照全局，统筹画面。"统一"有整理、综合的意思，指将各种零散的元素或形式做一个排序与规划，将这些原本不互相统属的元素统整为一件具备特殊美感的艺术作品。如果作品的统一性与完整度没达到一定标准，就算一些细节做得再完美也没有用，甚至这些细节上的优势反而会成为造成整体不协调的因素。另外，更值得一提的是，单一的元素或形式是否能成为作品中的必要因素以及它在作品中的意义与价值，都需要从作品的整体性来评估。所以，统一除了必须为作品中的各项元素作适当的调整与安置外，也必须审视它们在作品中的地位，使作品看起来更具有机动性与整体性（图3-90）。

图 3-90　运用统一手段的设计

⑩简约（Simplicity）。简约主义是一种时尚潮流，一种理想主义的探索，还是一种美学定义。单纯的简约意义在于将内容以简化的形式呈现出来，忽略其他次要或多余的陪衬与装饰，以简单的形式表现内容。简单的形式最主要的概念便是以简洁、单纯、抽离形象的表现手法来表达人们心灵中不可言喻的境界。以单纯形式产生的作品，往往抽离了外在形象的表征，进入了一种高于形象的艺术内涵（图3-91）。无论西方美学的纯真朴拙，还是东方美学的简单空灵，都是单纯形式原则的表现，让人在欣赏作品时，可以激发想象力与联想力，出现感官以外的体验与领悟。

图 3-91　运用简洁手段的设计

在掌握了以上各形式要点之后，效果图要怎样做才能表现得很真实呢？要利用软件做好一份逼真的效果图，材质、贴图、布光、渲染一个都不能少。不过这些具体参数在每个版本的软件中都不尽相同，这里不详细展开，所幸这些软件的教程资料非常丰富，有很多专门的书籍教程、视频教程进行讲解。不过，相对于单纯的图面感染力，更重要的是效果图与建成效果的契合程度。

在从业一段时间并对各种材料、家具都有一定了解后，设计师面临的困惑就不再是材质、贴图、渲染等问题，而是模型了。很多好看的家具找不到关联的 3D 模型，有些国际大牌会提供等比例的 SketchUp、3D 模型，但项目预算却很少能用得起这些国际大牌，更不要说 3D 建模远比做效果图更为烦琐。在此提供一个能跟上主流的 3D 模型站点 CGTrader，不仅有室内模型，还有建筑、工业等方面的模型，覆盖了大部分符合潮流的家具，并且会提供 CAD 或 3D 等多个版本的文件。

其实要应对模型缺乏这个问题，有一个终极的解决办法：熟悉各种常用建模软件所识别的文件格式，无论你需要什么模型，都可以自己操作；多掌握些建模方法，比如布线、塑形、细分等板块，很多模型就不用下载了，只要自行组合修改就能很快达成目的。

其次，效果图除了要能打动用户之外，还要对同为从业人员的设计师有感染力。这部分效果图一般用于竞赛或学术交流，其受众多为具有一定艺术素养的评委和老师，他们对图面偏离现实的接受程度要比普通用户强，可被感染的"阈值"更高，我们在 behance、pinterest 等网站所见到的各种效果比较好的图多是这类。这些图由于对现实场景有所提炼、变形，因而具有一定艺术感，通过设计师对空间、材质、光影等重点部分的设计意图表现出来。

这里对效果图设计的工作流程做一个具体说明：

一般来讲，做设计有一个酝酿思索的过程，通常需要 3 ~ 5 天。设计师在这个过程中会构思诸多问题，对角度、材质等以及想要表达的主题进行归纳，并在必要时进行草图制作。草图里包含了出图的所有关键因素，比如材质、光影、角度等，与我们日常的概念方案相似。由于这部分不需要对外展示，所以也不用在意别人能否看懂，只要自己清楚设计规划思路即可。

在这中间，还要加个素材的搜集工作，素材包含但不限于材质、模型等。将素材搜集完毕后，初步确定几个角度，做一下效果测试，没问题的话再出大图。

这里和常规流程不同的是，图纸不光要有白天日照下的场景，还要有各种灯光下的场景，比如迎宾、聚餐、观影、起夜等不同情境、不同灯光下的效果图，表现室内截然不同的氛围。如图 3-92 所示。

图 3-92　傍晚时分灯光下的场景

深化方案阶段

从效果图出发，各种想法要从图纸落实到地面，应如何实现？图纸与实施是否存在冲突？效果图是否做得通俗易懂？以上这些问题正是施工图最重要的核心。

施工图一方面是验证构思想法是否合适，另一方面则有着指导施工的重要作用。初入行的设计师往往纠结于表现方式、表现数量等细枝末节上，甚至认为在团队内有其他人衬底，便疏忽了深化方案的重要性，想当然地以为施工方有效果图就能顺利实施。然而这是不对的。

深化方案环节的缺失，会产生很多问题，比如：在图纸未明示的情况下，施工方会因为利润、成本以及难易程度等问题而采用对其最有利的方式来进行，但这样常会违背设计预想；由于缺乏图纸依据，一旦产生纠纷，最吃亏的便是用户和设计方；设计有所变更时，改动的地方和其他方面极易脱节等。此外，图纸不明确，还会造成预算不准确、超支频发等技术之外的问题。

针对这些问题，本节将从图纸绘制、物料准备、图纸会审与交付等方面展开探讨，谈一谈深化方案的事情。

一、绘制施工图

提起施工图，很多设计师都觉得它很枯燥。其实施工图是对节点设计一个重要的认知过程，如果能够把握好，可以在其中尝到学习的美好滋味。

1. 绘制施工图的基础

施工图由很多部分组成，一些共通的部分通过图库的套用即可解决，剩余的部分便是探索的开始。

施工图的绘制分为方案、初扩、深化三个阶段。通常出于对项目的把控，设计师需要将方案延伸到初扩阶段，然后由施工方进行深化。

在方案阶段，设计师所犯的常见错误有很多，比如不用布局或不会用布局，图层混乱或不分层，以及图纸表现的信息过多反而混乱到无法识别，等等。所以，设计师要培养良好的作图习惯，因为这是深化图纸的基础。

（1）学会建筑识图

在讲建筑识图前，先要弄清一个问题：室内设计师为什么要看建筑图，建筑图和室内设计有哪些关联点。

事实上，建筑图比建筑本身含有更多的细节信息，特别是墙体结构的信息，如果遇到接手的项目还未完工或现场不具备入场条件的情况，具有识别建筑图的能力就很重要了。

建筑图和装饰图纸相关的关键点主要有以下几个方面：建筑施工图方面，主要看空间衔接关系、墙体（承重墙、非承重墙）厚度、层高、门窗表等；结构施工图方面，重点为层高、板厚、梁位等；设备施工图方面，主要是水电管井的位置、地暖分水器、消火栓的位置、喷淋位置等；电气施工图方面，主要是强弱电箱的位置、桥架的位置及高度等。

建筑读图，有几点需要注意：要做到系统阅读、相互参照、反复熟悉，才能避免疏漏；先看建筑施工图，再看结构施工图、设备施工图；建筑施工图先看平面图、立面图、剖面图，再看详图；结构施工图先看基础图、结构平面布置图，再看构建详图；设备施工图先看平面图，再看系统图及安装详图。

（2）学会布局作图

布局作图最大的好处在于，一旦要局部修改图纸，不用一张张改正。拿平面图来说，平面方案有改动的话，顶面要动，水电也要动，其他相关的地方也要动，这样很容易造成二次、三次出错，或者有所遗漏。利用布局作图能有效避免前后冲突，特别是在遇到大的项目时，还能有效减少文件大小。

布局作图的延伸是图纸集、外部参照、发布对话框和电子传递等。

（3）学会分层

分好图层，根据对应图层出图，便于后期修改。各公司都有标准，这里不详细介绍了。

（4）学会表达图纸

明确每张图纸的核心并表达完整。

（5）了解工艺

设计师了解一定的工艺对设计工作来说是一项锦上添花的能力。

2. 学会绘制施工图

关于施工图，这里分为施工图绘制阶段及所含内容、怎样的施工图是好看且有意义的、施工图表现的最新趋势、如何画好施工图细节等四个部分来阐述。

（1）施工图覆盖范围

正如前面所说，施工图绘制分为方案、初扩、深化三个阶段，但这三个阶段分别是什么意思呢？

以非建筑图来说，方案图是指格局改善布置图；初扩图包含但不限于原始结构图、墙体定位图、综合天花板吊装图和地面材料索引图等；深化图包含但不限于装饰设计说明、材料表、原始结构图、墙体拆除尺寸图、墙体新建尺寸图、天花板灯具尺寸图、插座点位图、弱电点位图、立面索引图、立面图和大样图等，如图3-93所示。

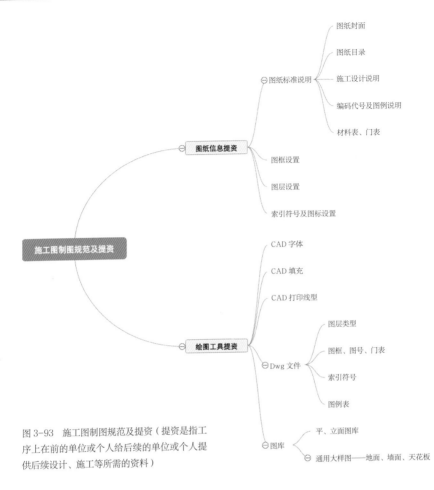

图 3-93　施工图制图规范及提资（提资是指工序上在前的单位或个人给后续的单位或个人提供后续设计、施工等所需的资料）

此外有一项经常被忽略，即组件图。独立部件如柜体和门等在车间制成后会完整地交付到现场并准备安装，组件图便说明了这些部件的对应编号以及如何安装，如图 3-94 所示。较大的部件如屋顶桁架、覆面板、橱柜等，完整的房间如酒店的浴室，可以作为预制的吊舱，内部装饰和配件按组件图来组装。

当然，施工图具体的数量和形式最终要按照公司规范来出具，水平较高的设计师可以此为基础对项目进行初步了解，水平较低的设计师则可以此为窗口向更高层级展望。

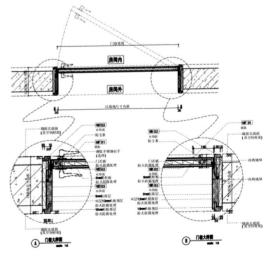

图 3-94　门套大样图

（2）施工图表现

施工图的根本意义在于指导施工方如何施工。在完成指导施工作用的基础上，图纸好看与否就间接体现了设计师的水准。而在从业者眼里，怎样的图纸是好看的呢？

图纸好看与否，首先要看方案如何。方案不好，再好的图纸表现出来也依旧糟糕。当然，方案具备的首要条件是必须符合标准。

图纸规范有着严格的约束，在约束之下，好看与否就要从细节进行对比。比如两件家具要对比尺寸，以厘米为单位来比较就很直观，可以看出来哪件家具比例更好、更符合室内的要求。所以，越是微观的东西，细节越为重要。

图纸好看与否，重点在于构图。工程图纸只要不是一张图、一个图框，就存在布局和对位的问题。整齐、清晰、简洁、均衡、饱满、合乎逻辑的对位关系，能使构图产生美感。如图3-95所示。

此外，线条的粗细对比也能体现出图纸的美感。这种美感的来源，远可以追溯到中国古代的白描艺术，近则如近现代的漫画，都直接体现出线条的粗细关系、对比统一带来的视觉感受。不过线条粗细在国标制图规范里有明确规定，即线条对比必须是双倍关系。也就是说，如果细线是0.2 mm，那么中线就必须是0.4 mm，粗线必须是0.8 mm，这样才有粗、中、细的明显对比。如果是0.2 mm、0.3 mm、0.4 mm这样安排，就无法清晰感受到差异。层次感差的线条图显得比较难看，而且表达内容也并不清楚。因此可以说，层次感是形式美的重要内容。

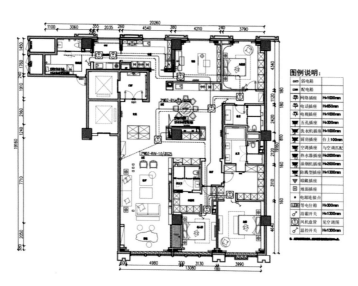

图3-95　平面图案例（空调电器平面图）

图面标注也需要注意若干问题，比如：尺寸线的位置对齐，各种交叉线的出头长度，文字大小、字体的统筹以及位置、间距统一，引出线的角度统一，各种特殊符号的位置、大小安排得当，填充图案的比例控制以及不同元素之间位置关系的统一控制，等等。这些虽然没有明确的规范，但要尽量做到统一、整齐。一张图几十个标注，一套图几百甚至上千个标注，如果能做到统一、清晰，就会有阅兵点阵的感觉，画面看上去十分有条理。如图 3-96 所示。

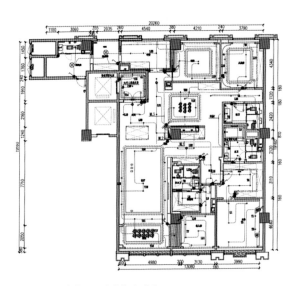

图 3-96　标注统一、清晰的平面图

还有一点，就是颜色要尽量简洁清晰。有些设计师会把图纸做得五颜六色，看起来十分有"喜感"，却容易让人眼花缭乱。其实图纸内容可以根据不同线宽、性质而分成若干灰度，既使内容清晰、打印方便，又赏心悦目、减少眼睛负累。

最后就是图层安排要简洁有序。作为 AutoCAD 图纸管理的灵魂，图层介于可见和不可见之间，如果安排得简洁清楚，也可以很漂亮。

（3）施工图表现的最新趋势

说起施工图表现的最新趋势，不少设计师可能会感到奇怪，施工图不像设计潮流那样每年都有新变化，谈何趋势呢？

其实施工图的表现虽然发展得比较缓慢，但绝非处于停滞的状态。近几年可以说施工图表现的趋势是"工作流"。

    "工作流"指的是多个软件发挥各自优势,共同协助完成设计工作,从而提高工作效率和质量。说得通俗一些就是让施工图的阅读门槛更低,更利于施工方理解。如图 3-97 所示,较为常见的彩色平面图就是对"工作流"比较简单的应用,AutoCAD 搭配 Photoshop 只是其中的一种方式。

平台   一层

图 3-97   AutoCAD 搭配 Photoshop 制作的平面图

    结合得深入一些的话,比如影视墙的立面图也可以这样操作。如图 3-98 所示,具有这样效果的图面比单纯的 AutoCAD 立面图及大样图更为具象,比较容易理解。一般来说,此类图纸的"工作流"就是 Layout 搭配 SketchUp:SketchUp 负责模型的绘制,Layout 负责标注。Layout 软件的优势在于图纸与模型同步,修改图纸更为高效便捷。Layout 图纸可以直接获取 SketchUp 模型信息,所以若 SketchUp 模型有任何修改的地方,Layout 图纸也会相应变化。这样就可以做到模型修改,平、立、剖面图一并修改,大大降低改图的工作量以及因为改图而导致发生人为错误的概率。

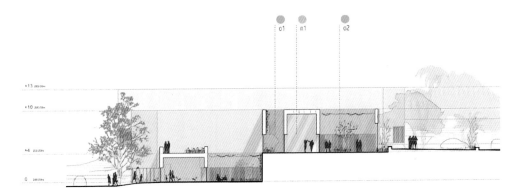

A 剖面 / 1 : 250

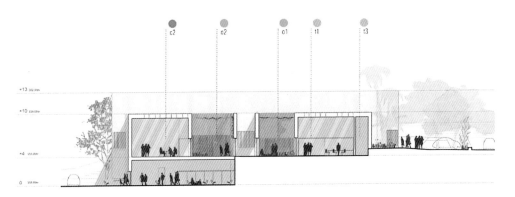

B 剖面 / 1 : 250

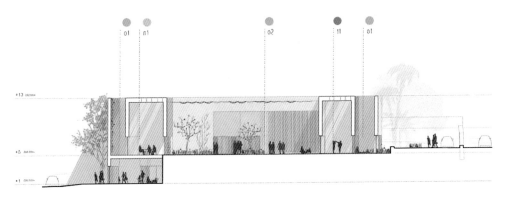

C 剖面 / 1 : 250

图 3-98 Layout 搭配 SketchUp 制作的立面图

其实更合理的方式是 AutoCAD 搭配 SketchUp。AutoCAD 适合精确的图纸制作，但生成 3D 图纸操作烦琐，用 SketchUp 则可以快速导入生成。这样既保留了 AutoCAD 尺寸的精准，同时 3D 图纸的展示比起 2D 图纸来更为直观，也更易于理解。

如果时间、精力充裕的话，设计师还可以研究 Revit（Autodesk 公司专为建筑信息模型 BIM 构建的软件，适用于大型建筑项目）、AutoCAD、SketchUp、Excel、YJK、isBIM、鸿业等软件的各种组合。这些是强关联的软件，弱关联的软件包含但不限于探索者、理正、天正、robot、斯维尔、鲁班等。

（4）如何画好施工图细节

如果你所在的公司能够提供相关的节点图集，建议认真看一遍，并做好相关记录。可以记录看后产生的疑问，也可以记录感悟等，避免走马观花。如果没有相关资料，可以读一下《室内设计节点手册》这本书，里面覆盖了较多的常规节点。

练习动手画的时候，可以把最近用到的节点图找出来临摹，草稿可以很粗糙，但是做法叙述和构造层数等方面不可以含糊。由于图集里的每一个做法会有很多变种和排列组合，信息量不是特别大，看清楚以后画起来会很快，也不需要每种组合都临摹，对于典型组合自己总结一下变化即可。真正麻烦的是自己创新构造节点做法，这个难度比较高，关系到施工做法、成本及实际效果等，最好具体问题具体分析，这里无法做统一分析，需要设计师自己认真思考。

3. 常见工艺案例

下面列举一些在样板间、豪宅、商业空间等常见的工艺案例。

（1）吊顶细线（图 3-99）

留意吊顶上细细的线条，做得好看上去会很有规则感，高端大气。这条线并非描绘的或预留槽之类，本质上是开槽，嵌入一条不锈钢条，根据项目效果选定颜色。

图 3-99　吊顶上的细线

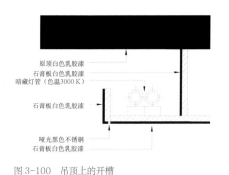

原顶白色乳胶漆
石膏板白色乳胶漆
暗藏灯管（色温3000 K）

石膏板白色乳胶漆

哑光黑色不锈钢
石膏板白色乳胶漆

图 3-100　吊顶上的开槽

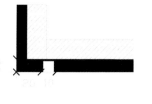

图 3-101　不锈钢折弯时要铣槽

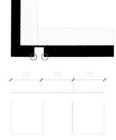

图 3-102　要避免出现圆角

　　施工中要留意一点，不锈钢在折弯时要铣槽（通过特定的刀具切削需要的槽），这样才能避免出现圆角，如图 3-100 至图 3-102 所示。先上乳胶漆，再上不锈钢；上好乳胶漆后，固定不锈钢时使用结构胶，在结构胶未完全黏合的时候用龙骨支撑或用胶带固定，避免使用气钉枪形成钉眼。

　　当然，随着技艺的进步，并不是只有这一种实现方式。如果项目正好需要黑色细线来促使空间风格更为明朗的话，完全可以通过描绘的方式来实现：定位水平线后，两侧贴好无残胶胶带，然后进行勾勒，待风干后缓缓将胶带剥离。

　　（2）地板和地砖无缝拼接（图 3-103、图 3-104）

　　日常所见的大多数地板和地砖之间都有金属压边条，以避免地板与地砖硬碰硬，防止日后地板通胀时地板鼓翘。那常见的无缝（无金属条）过渡又是怎么实现的呢？

　　可以这样做：地砖或石材正常铺装，完成时要保证边缝平整；需要重点处理的是地板，确定地板的厚度，一般来讲有 8 mm、12 mm、15 mm 之分，还有其他尺寸，确认防潮垫的厚度（有薄厚之分），地面自流平（材料加水后形成自由流动浆料，根据地势高低不平，能在地面上迅速展开，从而获得高平整度的地面，可以很好地解决房间内地面受潮、膨胀起拱以及踩踏有杂音等问题）结束后正常铺设防潮垫，在距边缝 200 mm 时结束；在预留的 200 mm 宽度区域内涂刷两次墙锢，便于木地板和地面找平，用结构胶黏结，此处木地板一定要用刨子刨平，以避免出现缝隙。如图 3-105 所示。

图 3-103　地板和地砖的无缝拼接

图 3-104　地板和地砖无缝拼接特写

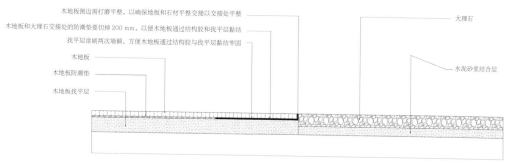

木地板侧边需打磨平整，以确保地板和石材平整交接以交接处平整
木地板和大理石交接处的防潮垫要切掉 200 mm，以便木地板通过结构胶和找平层黏结
找平层涂刷两次墙锢，方便木地板通过结构胶与找平层黏结牢固
木地板
木地板防潮垫
木地板找平层
大理石
水泥砂浆结合层

图 3-105　地板找平需注意的问题

（3）地脚线暗藏（图 3-106）

在取消地脚线前，先看地脚线起到的作用是什么。

首先，地脚线是用来掩盖墙面不够平的问题。墙面是否平直，人们的观察点在于和地面及顶面形成线条的地方，往往一眼就能看出平直与否。墙面不平带来的后果是地面材料再怎样铺装也无法达到水平，这样就形成了大小不规则的缝隙。为了掩盖这些缝隙，人们便在相应位置使用地脚线。

其次，地面材料若是通胀性弱的材料还好，比如石材、地砖等；若是通胀比较明显的材料，为了防止后期出现鼓翘，一般在铺设上要预留一点空隙，这些空隙的存在自然也少不了地脚线来遮掩。

那么，取消地脚线之后，要如何解决上面两个问题呢？从根本来讲，要取消地脚线，地面材料就受到了限定，只能用现场浇筑类，也就是在商业空间中偶尔见到的"磐多磨"（类似水泥地面），或者自流平固化后刷地坪漆（多用于仓储空间）。这些材料在未施工前都是非固化的，不存在通胀的问题。

图 3-106　地脚线暗藏

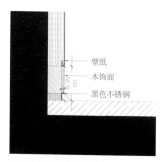

壁纸
木饰面
黑色不锈钢

图 3-107　取消地脚线的处理方法

如果用地砖、地板的话，无地脚线又要如何实现呢？简单来说，就是开槽把地脚塞进去，或者墙面加厚和地脚平齐，如图 3-107 所示，但后者造价较高。地脚本质上是为掩盖缝隙，所以只要能保证材料的稳固性，完全不用参照常规的 80 mm、60 mm 或 40 mm 等，因为高度决定了开槽的大小，不按常规走也就不用开那么大的槽。

举个例子，开槽深度为 20 mm，此处不用考虑墙体是否为承重墙，因为无论承重与否，墙的表面都有抹灰层，20 mm 的厚度仅限于将抹灰层剔除，不会影响到承重功能。安装踢脚前需用九厘板（胶合板的一种，"九厘"指木板的厚度，也就是 9 mm）打底作为基层，地脚线和九厘板需在墙面及地面饰面完工后进行，以便固定墙面材料（如壁纸等）和地面材料（如地板等）。墙面材料为壁纸时，踢脚位置的壁纸要拐进地脚内，才能让踢脚将壁纸压住，避免起翘或边缘不直。

二、物料方案

物料方案即物料管理。每个项目落地都需要大量材料的配合，这些材料不管是常见的、不常见的，还是复杂的、简单的，它们广泛分布于各个供应商手中，因此物料方案就是从整个项目出发来解决物料问题，包括达成不同供应商之间的协作，使不同物料之间的搭配和性能表现符合设计要求。

物料这部分，一般来讲，身在公司的设计师基本是不会触及的，因为公司有专职人员负责。但作为独立设计师，这却是方案落地的重要一环，涉及材料配合、工种衔接，一旦有所遗漏，就会造成返工的情况，耽误工程进度。

物料方案要解决的问题主要有以下几个方面：物料规格标准化，减少物料种类，有效管理物料规格的新增与变更；适时供应生产所需的物料，避免停工待料；管制采购价格，控制项目预算；确保来料质量，并对供货商的原料品质进行管控；有效率地收发物料，避免损耗或余料过多；确保充分利用仓储空间。

了解问题及达成目标后，就该准备相应的解决方案了。对于每个项目需要的物料可以以工种进场顺序为主线列出流程，可使用 Excel、XMind 等软件进行记录。具体分配可参考图 3-108。

在物料的选择和管理上，可以参考大型物料仓储管理的"5R"原则，即适时（Right Time）、适质（Right Quality）、适量（Right Quantity）、适价（Right Price）和适地（Right Place）。

"适时"即要求供应商在规定时间准时交货，防止交货延迟和提前交货。供应商交货延迟会增加成本，主要体现在施工方空等或耽搁工期，影响项目进度。施工方二次及多次前往，影响施工员士气，且增加交通成本，导致效率降低。因此要尽早发现可能出现交货延迟的情况，尽量避免其发生。同时

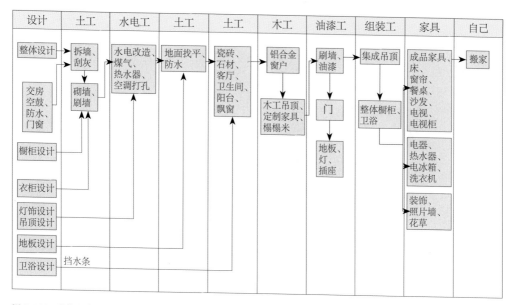

图 3-108　装修顺序

也要控制无理由的提前交货，因为提前交货同样会增加成本，这是因为项目实施无固定的仓储空间，货品放在项目所在地会影响工人的正常施工。

"适质"即供应商送来的物料必须是符合设计标准的。保证物料适质的方法主要是督促用户与供应商签订质量保证协议，或者设立第三方监理，对物料的质量做好确认和控制。

"适量"指的是采购物料的数量应该适当，控制好损耗。比如砖类，详细的布砖图可以降低砖的损耗。

"适价"指的是采购价格的高低直接关系到项目的最终造价，在确保满足其他条件的情况下，要力争较低的采购价格，这是项目负责人最重要的工作之一。设计师在选择供应商时要了解物料相关的替代品，每种物料都不是唯一的选择，对各种替代品要有开放的心态及深入了解的意识。可以与潜在的供应商保持联系，进而得到比较明确的市场价，避免因为对市场不了解而被蒙蔽。

"适地"是指物料原产地的地点要适当，与使用地的距离越近越好。距离太远，运输成本大，会影响造价总成本，而且沟通协调、处理问题也不方便，容易造成交货延迟。

三、图纸会审与交付

工程图纸往往少则几张，多则数十张甚至数百张。面对这些即将进入施工阶段的图纸，需要重点核对三个部分：

1. 图纸的规范

①图幅比例及排版。确认平面、立面图幅是否统一，比如平面用 A3 尺寸、立面用 A4 尺寸时就容易出问题。立面比例要根据不同项目进行确认，比如酒店客房、样板房等造型较多的立面比例一般是 1∶30，大体量商业空间的立面比例在 1∶50 左右，有些共享空间的立面比例会到 1∶75 或者 1∶100。

②平、立面的对应关系。在平、立面图纸中很容易出现各种材质交接处画偏的错误，比如顶面和墙面交接处、墙面和地面交接处等。空间关系跑偏会导致各空间高度连接中断，比如走廊和其他空间出现高度差。另外，方案调整修改的地方，漏改或改错也是很常见的。

③尺寸标注及材质标注。尺寸标注一定要准确，避免出现以下常见问题：缺少材质的分缝线，尺寸标注与平面不符，尺寸材质标注错位及漏标等。

因此设计师要认真查看图纸，并与现场结构进行核对，看墙体结构、功能分区、点位布置是否存在，有无偏差；检查目录、图号和图纸内容是否一致；检查平、立面图纸的尺寸标注、材质标注、索引标注是否一致。

2. 各部分的衔接

与各专业人员确定其设备位置，确认管道是否存在冲突。不要小看这一点，实际上现场经常会遇到类似问题，因为有时不同专业各自为政，所以这里是设计师会审时需要多加留意的地方。

设计师需要做的事情大致来讲有以下几点：检查物料清单是否和图纸一致；检查卫浴、五金等选型是否完善、一致；检查灯具、强弱电点位布置和开关控制是否合理；检查天花板灯具布置与墙面造型是否错位；检查空调、新风、地暖、风暖等设备的控制面板是否合理，与其他面板是否冲突；查看玄关柜、橱柜、衣柜等柜体下方处理方式是否做出说明（地板应该深入柜体 50 mm 左右）；检查门套和室外是否冲突；检查卫生间门的开启是否与马桶、面池、淋浴冲突；检查镜柜开启是否与墙面插座产生冲突；查看厨房吊柜下方的照明、开关是否完善。

3. 做法是否正确

现在很多项目都是各部分分工明确，速度明显提升，但这样也会造成各部分衔接不到位的弊病，比如个别部分依照图纸无法实施，各部分无法独立解决问题。这便是图纸会审的意义所在，从图纸层面发现问题并改正，远胜于到了实际操作层面才发现问题。

因此，设计师需要关注以下几点：如果地面有拼花，拼花是否完整；各空间如客厅、餐厅、阳台、厨房、卫生间等地面高度差的关系；地面波打线的拼接角度，一般以 45°为宜；石材嵌入铜条的先后次序说明，或不锈钢条的安装前后顺序等，一般铜条和石材可以同时进行，不锈钢则在石材打磨完成后再安装；衣柜高度超过 2400 mm 及门板超过 1800 mm 时的加固说明，这种情况一般要增加背筋。

当设计走到项目落地的时候，就到了最重要的阶段。可以说项目落地是对前面所有阶段成果的一场大考，而设计师在项目落地中承担着开工交底和施工衔接以及最后陈设布场的任务，可以说地位非常重要。那么，在交接的时候，设计师要做好哪些工作才能顺利地将接力棒传递下去，避免事事去现场呢？

一、开工交底

开工交底涉及工程特点、技术质量要求、施工方法与措施、责任划分、效果达成等五个方面，核心在于解决施工进程中的突发情况和施工难点，比如拆除结构和设计预期提供的图纸不符，地面、墙面水平差太大等问题，这些在施工前期就要和施工方商讨清楚。

由于室内设计后续的施工尚未出现能打包解决问题的企业，所以交底分为设计交底、施工设计交底和专项交底三部分。

设计交底是指设计师向各施工方进行的交底，主要包括交代室内环境的功能与特点、设计意图与设计要求、在施工过程中应注意的各个事项等，包含但不限于插座、开关、给水排水位置、高度、用途、柜体、吊顶、装饰类等。

这里要着重说明一点，在现场做标记、画大样只是看起来很炫酷，实际上误差比较大，不容易留底，却容易出现有纠纷时查无可查的问题。

施工设计交底是指针对项目中容易出现误差的地方和不常见的施工方式，设计师要对施工方进行施工培训，比如无框玻璃的嵌入、防水透气膜的使用等。在施工设计交底中还有一项较为重要的工作，即施工材料的核查，看是否符合设计要求，比如厚度、质感等，至于品牌、规格等信息则会有监理来完成检验。

专项交底是指相关设备的交接，比如新风、空调、净水、智能、灯光等。设计方和施工方共同在现场确认是否具备施工条件，确认工种间的配合方式及容易产生矛盾的地方，设计师要出面进行协调。此外，设计师还要说明施工范围、工程量、工作量和施工进度要求等。

除了上述这些工作，设计师还要对施工方解说施工图纸，讲清大体的设计思路以及在施工中可能存在的问题等。而对施工方案的说明则要根据工程的实况来进行，需要提供易产生误差和不常见施工方式的具体指导，包含但不限于视频、图片、文字说明等。

二、衔接跟进

说到衔接跟进，很多设计师对此没有明确认知，常将其和交底混为一谈。其实衔接跟进更为要紧的任务是促使项目不因待料或现场堆料过剩等问题造成延误。此外其他一些杂事，诸如瓷砖如何切割，在图纸已有方案的情况下如何铺贴，提醒购买地漏以及地漏需要的款式（洗衣机若用地漏还要购买转接头），勾缝剂何时用到，止逆阀安装相关事宜，安装需要的辅料，安装后要做哪些检测，哪些需要提前测量，哪些材料提前下单以免因为交货周期较长影响整体进度等，这些都属于施工衔接范畴。

对于有些情况要提前准备物料明细表，如图 3-109 所示。物料明细表主要针对主材部分，一来方便多方查阅比对，二来方便掌控整体预算和进度。

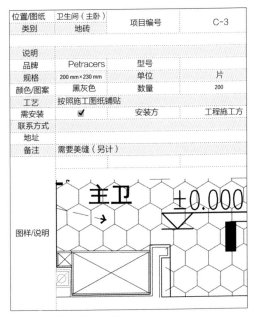

位置/图纸	卫生间（主卧）	项目编号	C-3
类别	地砖		
说明			
品牌	Petracers	型号	
规格	200 mm × 230 mm	单位	片
颜色/图案	黑灰色	数量	200
工艺	按照施工图纸铺贴		
需安装	✔	安装方	工程施工方
联系方式			
地址			
备注	需要美缝（另计）		
图样/说明			

图 3-109　物料明细表示例

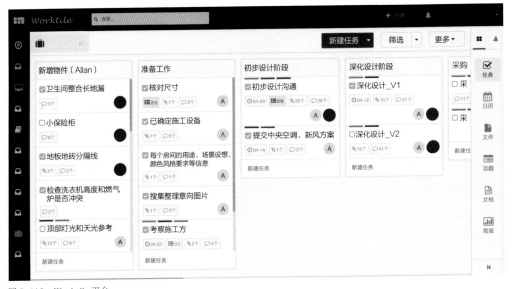

图 3-110　Worktile 平台

为了避免项目混乱，可以尝试使用一些项目协作平台，例如 Worktile，如图 3-110 所示。此外明道、纷享、伙伴、企明岛等软件都有记录任务、讨论、备忘、日程和附件等功能，支持多端接入，可以随时随地记录和参与，网页版还有提醒功能（仅支持 Safari、Chrome 等浏览器）。

图 3-111　玄关与客厅衔接处的颜石林雕塑作品《天使》

三、陈设设计

陈设布置处于室内设计的最后阶段，是效果展示的重要部分，小到水杯，大到家具，可谓环环相扣。而陈设设计中的最大难点是既要展示空间属性，又要体现用户品位。在这种需求下，唯有依赖艺术品才能达成需求，如图 3-111 所示。然而艺术品恰恰是陈设布置中较难的地方，用好了两全其美，用不好两败俱伤。相关内容后面会有具体介绍，这里着重讲陈设方案。

陈设方案一般分为三个阶段，即户型分析、用户分析、制订设计方案。

分析户型的时候，针对平面图要做到三点：一看空间动线，即空间动线是否符合用户习惯，展现场景是否有视线遮挡，视线中心是否明确等；二看空间动线和尺度的关系；三要通过平面图分析软硬装及收纳关系，全屋的收纳比例一般控制在 25%，且项目面积越小，要求比例越高。

针对效果图，也要注意三点：首先是材质效果图直白地展现了材质和空间的关系，所以在准备陈设方案时，要把其中的材质提取出来做前期准备；其次是掌握硬装色彩，梳理色彩比例，绘制饼状图，主要定义空间的主色调（通常为三个）；最后是把握造型倾向，看空间中的造型（角线、地板、墙板）是倾向现代、古典还是某些地域的。

用户分析则主要针对实际居住者和虚拟用户两种。

顾名思义，实际居住者就是常见的住宅项目中的用户。实际上把握这类用户难度更高，一不留神容易出现水土不服的情况，比如审美不一、理解错位以及清洁问题等。住宅项目的陈设一般要走实用路线，陈设品的数量也略少，多是用户积累的，比如书籍或外出游历搜集的物品等。所以在分析的时候可着重于对情感的挖掘，比如以某个地域（用户的家乡或所在城市）、某个物件、某种爱好为分析的破局点，这也可能成为后期延伸的起点。

虚拟用户常见于地产样板间项目中，针对用户比如首席运营官（COO）、首席财务官（CFO）、首席执行官（CEO）等。人总是向往更好的自己，这里所取的就是这种心态和生活。这种类型更多的是和地产项目的契合，比如通过一些陈设展示该项目的地段优势、采光优势或者低密度单元优势等。

做好了以上分析工作，就要着手制订陈设的设计方案了。

众所周知，硬装通过六个面（四墙一顶一地）来展示空间属性及效果，由于硬装变更难度大，且大多材料属性坚硬，缺乏功能性，需要通过软装来填充。软装陈设的作用，一是补充功能短板，二是让空间更为舒适合理。所以，对硬装和陈设来说，硬装是舞台，陈设是剧目。

硬装和陈设结合最密切的地方是墙面。这是因为，天花板极少出现大面积白色以外的颜色，地面可以通过地毯拼合来改变效果，所以无论从数量还是给人的感觉来说都是墙面的影响更大，因而陈设比例中占比较大的便是墙面。

可是陈设到底是什么？如果说硬装偏重于发现生活中功能的不足并弥补格局缺陷的话，那么陈设（图3-112）则是找出生活和艺术的连接点，进而让不美的生活向美前进。

在实际工作中，陈设设计却更多地在充当"家具买手"或"吉祥物"，因为有其位而无其事。在这种情况下，很多售卖家具、灯具、布艺等的营业员也自称陈设设计师，给用户"指点江山"。其实，陈设设计的重要性比起室内设计并不逊色。陈设设计作为一门体系庞大的学科，对空间（户型、硬装材料、收纳等）、艺术（色彩、大师作品、电影、时装等）、生活方式（主要针对用户）有深刻的洞察、学习和分析，通过对家具、灯具、床品、窗帘、地毯、花艺、装饰品、装饰画等的布置，进而找到生活的美好并予以提升。可以说，陈设的本质就是将艺术融于生活。

所以，陈设设计师要如何着手呢？这部分和概念方案有着大量重合之处，但部分地方略有不同。

重合之处在于设计师依然要遵循准备（资料收集）、输入（创意出现、构思诞生）、调整并完善记录（发展、评估、定型、收录）这样的思维逻辑。概念方案是陈设设计的"奇点"，是硬装和陈设交汇的所在，因为硬装和陈设原本就是一荣俱荣、一损俱损的。没有哪个项目或方案仅凭硬装或陈设就能解决所有问题。

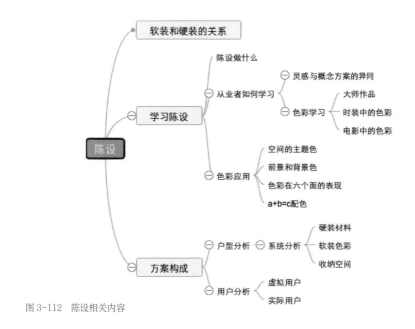

图 3-112 陈设相关内容

初次面见用户，除非此前在线上有过接触，不然很难聊到硬装部分（专业水平和空间感知的不同很容易造成"鸡同鸭讲"的状况）。而以陈设开场就容易多了，一般从用户的动作、着装可以看出其日常的喜好和对美的理解，并且也不容易触犯到用户的隐私，从而避免引发对方的戒备心理。当然，这是对住宅用户而言的，对于样板间等项目，概念方案中有一个重要的点，就是对未来用户做身份定位，根据甲方的调研报告和概念方案赋予数据人格化、故事化的角色，将角色带入后再根据户型进行延展。

以上是重合的地方，不同之处在于灵感输入点的倾向。与硬装的灵感输入更贴近现实相比，陈设设计的灵感输入倾向于优秀的影视剧、大师的著名画作以及世界各大流行时装等。

影视剧里，我们以电影《布达佩斯大饭店》来举例，电影内很多场景使用了高纯度、高饱和度的颜色对比，比如古斯塔和夫人在电梯的一幕。强烈的色彩对比能立刻抓住观众的眼球，同时又传递出怪诞的感觉。这一点在做一些商业空间如唱吧等时就可以借鉴。

画作中比较强调颜色的选用和颜色的比例把控，我们在照搬比例的同时可以进行反推。比如英国画家约翰·康斯太勃尔的《戈尔丁庄园》（ *Golding Constables Flower Garden* ），如图 3-113 所示，这幅画对绿、黄、蓝的应用手法非常纯熟，我们完全可以拿来借鉴，将这三种颜色进行比例互换，使我们的设计既有经典味道，又有创新的风格。

图 3-113　英国画家约翰·康斯太勃尔的《戈尔丁庄园》（Golding Constables Flower Garden）

当然，如果能肉眼辨别出画作中的每种色彩是最好的，但如果不具备这样的功力又该如何呢？这里介绍一种"取巧"的方法，可以用软件将画作调成像素化的效果，然后就可以看出作品的颜色比例，参考这个比例并酌情用于项目设计当中。

此外，对于时装色彩也可以进行学习。每年都会有潘通（PANTONE）的流行色发布，同时也不乏顶尖奢侈品的高定时装展。时装周上，整场的走秀设计、场景、模特服装造型、色彩搭配、刺绣花纹、模特妆容以及头饰等，都可以成为灵感的来源。

那如何将服装色彩带入空间设计中呢？以爱马仕 2019 春夏时装周为例，这一季整体以青、蓝、绿色为主色调，视觉上仿佛海天融为一体。大部分造型也刻意使用素色，着重凸显皮革、羊绒、帆布等材料的质感。由于是春夏系列，场景表现出街头的一角，半空还有晾晒的衣服，整体的场景给人的感觉很是闲适。所以，我们从中可汲取的灵感元素也就呼之欲出了，那就是闲适感、暗调的绿色、纯粹而不张扬的内涵等，它们都可以成为陈设设计中参照的风向。

那么，各艺术元素和陈设方案之间是否有清晰的逻辑线，以便于把控和分配呢？这里总结一个"公式"：地点 + 色彩 + 人物 + 文化 + 喜好 = 陈设场景举个例子，在和用户沟通的时候，直接询问用户喜欢什么风格可能并不是个很好的办法，因为一来用户可能并不清楚风格的定义，二来不同人对风格的定义和理解也可能存在误差。但如果问用户喜欢哪个城市，那么对风格的定位就会相对清楚许多，毕竟城市的风格是鲜明的。比如，我们套用一下公式，将地点定在江南，背景是东方文化，如图 3-114 所示，场景有喝茶、篆刻、书法、绘画、藤编，用户喜好是收藏和鉴赏，根据这些信息很快就能得出陈设设计的结果。

图 3-114 东方文化的场景

当以上每个节点都完成的时候，该方案就已经完成了，剩下的就是实施工作。

至此，第三章就结束了。通过本章内容可以发现，设计就是将很多琐碎甚至无趣的事情经过种种组合排列，最终赋予项目一个闪耀的亮点。

第四章
陈设设计的一些宏观规律和逻辑

上一章详细讲述了设计中掌控大局的一些要点，这一章，我将从具体的设计思路和规则出发，来讲一些设计中需要注意的规律。

其实，设计本身就是在固定和不固定间寻找平衡点。在这样的前提下，设计师在设计之前就要将一些固定尺寸的家具一一确定，这样可以解决后期设计安排上的问题。

精准地预留位置，可以合理分布空间，有助于对家具的位置做精确的定位，还可以在网线、视频线和电源线等管线改造上做出相应的调整，让设备看起来整齐，更方便用户使用。

先确定家具再着手设计，能更好地把握色彩。如果顺序颠倒，后期就会让用户陷入"想要的放不下、能放下的又不中意"的状况。

除此之外，还可以提前避免大件家具将空间切碎的情况。大个的衣柜、书柜等，虽然容量巨大，但也厚重，会让空间变得比较压抑。如果用户有这方面的需求，那么设计师在设计时会做好尺寸记录，就可以早点对墙体进行改造，使厚重的柜子嵌入墙体，有效削减压抑感。

预算控制也是设计从业者的必修课，家具类的确定可以帮助得出更明确的造价预算。

但是，很多设计师将家具陈设当成一套固定的模式，方法是没错，但固定的模式并不适合每一个项目，需要设计师来合理搭配。所以在本章会讲解一些居室内常见的固定家具种类和尺寸以及所需的活动空间，设计师可以根据这些数据来灵活应用，为用户创造更好的使用体验。

第一节　室内陈设设计的逻辑与框架

本节着重于感性的陈设部分，寻找陈设中的逻辑和框架。陈设除了家具，还有灯具、床品、窗帘、地毯、花艺、装饰画、饰品等。关注这些陈设，是看颜色搭配还是它们之间的联系？这里我们为大家梳理一下（图4-1）。

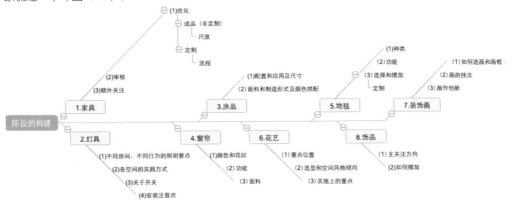

图4-1　陈设的构建

一、家具优化

家具是陈设中最重要的部分，在空间中占有体量的比重最大，同时决定了空间的功能调性和空间属性的划分。

家具分为成品家具和定制家具两种。成品家具主要有五大类，即椅、几、柜、桌、床；定制家具则以柜体类居多。

对于成品家具而言，在家具选样前，有个重要的审核就是家具优化。在初期方案阶段，出于对项目了解的深度不够或者时间紧促，难免有考虑不周之处，审核就是要发现、统计并处理这些地方。

明晰效果是优化的开始。在优化家具之前，要复盘该项目的整体氛围方向，确定是休闲放松还是商务精英等，不同的方向对家具的线条、角度的大小都有明显的选择倾向。

其次要确定家具的外框尺寸（复核平面图及立面图的尺寸），而外框尺寸需要在装饰图放样及在现场放线时才能确定，最好用卡纸等剪出平面尺寸放在现场感受一下。这是因为人在图纸和实际空间中对尺度的感受是完全不同的，图纸上看600 mm的宽度就觉得很宽了，但实际上这个宽度较为局促。所以才需要现场放线进一步感知并调整家具最终的比例关系，同时也要看和现场预留的点位是否冲突。

涉及成品家具的内容，在前面已经做了较为详细的说明，这里详细说一下定制家具。如果说成品家具只涉及尺寸和选样，那定制家具中设计师要参与的环节就更多了，其流程是由项目负责人提供图片及外框尺寸（家具的长宽高）给制造厂商，家具设计师做出加工图纸后回返给项目负责人审核，审核通过后即下单生产。家具制作的具体流程如图4-2所示。在打磨前的每一个验证环节都需要设计师的参与，这关系到家具最终的效果。

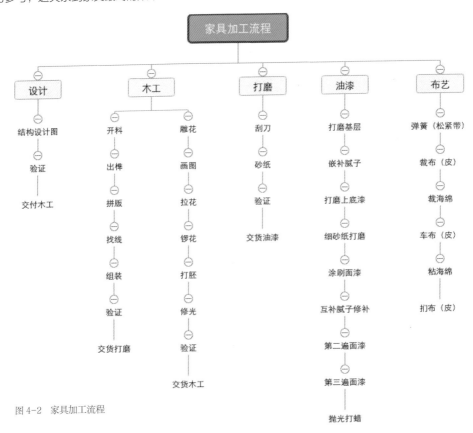

图 4-2　家具加工流程

那么，设计师要如何审核家具加工图呢？主要审四点：

首先要审核外框尺寸，看加工图纸外框尺寸和提供的数据是否一致，然后将家具俯视图和平面图进行核对，最后核对家具立面图、侧面图是否和施工立面图一一对应（主要看尺寸和比例）。

其次要审核材料，看加工图纸上标注的材料是否和预期一致，对于未标注或标注不清晰的地方要提出来，要求补充完整。加工图纸作为生产指导图纸，务必要详尽准确，以免后期相互推诿。一般来讲，图纸确定后厂商就能出小样，方便设计师确认颜色、纹理、油漆饰面等。此外还要留意油漆亮度，根据情况选择哑光、三分光、五分光、七分光或者全亮光。

再次要验证舒适度和比例关系。舒适度主要看是否符合人体工程学，所以设计师一定要对人体工程学相关尺寸速记熟知。至于家具形体是否美观，则需要有一定积累才能辨别。比如，制造商对桌子的收口做了 20 mm 宽，我要求修改至 5 mm，制造商不具备制造条件，最终改至 8 mm。10 mm 的争论看似不起眼，但这个尺寸却能决定这个桌子是否精致好看。

最后是审核细节。需要审核的细节有：材料收口、细节做法、装饰条尺寸、五金配件以及同一空间家具的关联性等。同一空间的家具，比如餐厅的餐桌、餐椅密切相关，因此在审核餐椅的同时也要审核餐桌，看餐桌下方能否将餐椅收拢进去，能容纳几件餐椅，拉开后是否会影响过道的宽度。再就是五金配件在起非装饰性功能的情况下越低调越好，否则容易喧宾夺主。

此外还有一些额外关注点，如雕花（图 4-3）、木材等。雕花有常用的模板，使用起来成功率很高。若花纹不在常用模板之列，一定要石膏打样，不然很大概率会和预期相左。木材方面，重点关注木纹和颜色，看是山纹、直纹抑或树瘤，是需要原木色还是加工颜色。实际常用的木材有樱桃木（偏红）、白蜡木（又名水曲柳，白木色）、橡木（最像原木色）、黑檀（黑色）、影木（灰色）等，各大品牌中，阿玛尼用橡木较多，宾利用影木较多（图 4-4），芬迪用黑檀较多。想对木饰面提出相应要求，不妨多去这些品牌展厅看一看，好做到心中有数。

在做家具创新时，一定要明确一件家具的"灵魂"所在，哪些可删减，哪些是精华。和时尚界一样，有些经典元素是延绵不衰的。如图 4-5、图 4-6 所示。

图 4-3 雕花

图 4-4 宾利家具

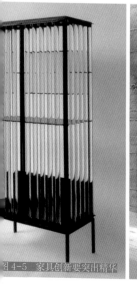

图 4-5 家具创新要突出精华

图 4-6 家具的经典元素延绵不衰

家具都做好后，最后一个问题就是家具能否正常入场。大件家具如沙发、床、柜子等能否通过电梯、楼梯、走廊、入户门进入房间，也需要考虑。通常住宅电梯多为曳引电梯，比较常见的分为五种：630 kg 轿厢标准面积为 1.66 m²，一般宽深为"1100 mm × 1400 mm"；800 kg 轿厢标准面积为 2.0 m²，一般宽深为"1350 mm × 1400 mm"；1000 kg 轿厢标准面积为 2.4 m²，一般宽深为"1600 mm × 1400 mm"；1350 kg 轿厢标准面积为 2.96 m²，一般宽深为"1900 mm × 1500 mm"；1600 kg 轿厢标准面积为 3.56 m²，一般宽深为"1900 mm × 1700 mm"。高度一般为 2200 mm 及以上。定制品超标是常有的事情，一旦无法通过电梯运送，那么就要考虑能否走楼梯，若走楼梯（一般宽为 1100 ～ 1400 mm）也遇到困难的话，就要考虑是否需要分拆或能否吊装等。

二、灯具

室内空间要用什么造型的灯，如何掌握灯光的那些术语，这是大多数人对灯存在的两个疑问。

的确，一盏主灯与室内风格能否搭配十分重要。同时，光效、色温、亮度等又关乎人的睡眠、感觉和舒适度。如何以"正确姿势"搞懂灯的问题很关键。关于不同房间、不同行为的照明要点，见表4-1。

表4-1　空间照明要点

分类	行为	房间名称	照明要点	灯具要点
迎客空间	迎接	入户门外	照明效果要看得清钥匙孔；夜间周围较暗，不要太刺眼	引入可自动开灯关灯装置（红外感应）；方便确认来客（比如视频对讲机）
		入户门内	亮度以能看清对方脸为宜；门口的穿衣镜要保证亮度充足；门口是产生第一印象的位置，有条件可增加装饰型灯具	采用瞬间点亮灯具；采用显色性较高的暖色灯具；考虑灯具维修、更换的便捷性
	移动	走廊	走廊较窄时，灯具尺寸要适宜，避免产生阻碍感；走廊较长时增加装饰型照明，避免枯燥；深夜行走要增加脚边灯	采用瞬间点亮灯具；选择小型不刺眼灯具；考虑灯具维修、更换的便捷性；考虑多控制开关（双控或三控、红外感应等）
团聚空间	放松、谈话、看电视	客厅	多种灯具组合，便于各种目的和行为；可根据行为调节亮度；增加装饰型灯具以制造氛围	引进多灯分散型照明；根据生活场景可调控，比如调光开关或记忆场景开关
	就餐、谈话	餐厅	不仅饭菜要照得漂亮，也要看着对方清晰；餐桌处比周围亮，看着更有氛围	注意全体照明与餐桌照明的搭配；采用可调光开关

续表 4-1

分类	行为	房间名称	照明要点	灯具要点
操作空间	照镜等操作	厨房	高显色的白光，看着更整洁；操作区明亮，防止发生意外；餐厨一体时，灯具最好可调光调色，既节约成本，且顶面整洁	操作区留灯；若为独立厨房，灯光采用日光色
		淋浴区	整体明亮，看着更整洁，便于放松	采用防湿型灯具；考虑灯具维修、更换的便捷性
		洗漱区	亮度上，避免强烈的明暗对比；镜面亮度要充足，特别是要在此处上妆卸装	采用显色性高的灯具；目的是在灯光下能看清脸部；若与淋浴相邻，需采用防湿型灯具
		马桶区	亮度要充足，便于从自己的排泄物上确认个人健康状况；考虑夜间使用的方便性	采用瞬间点亮灯具；选择小型不刺眼灯具；考虑多控制开关（红外感应等）
私人空间	学习、放松、休息	儿童房/书房	孩子较小时，要用全体照明保证房间的均匀照度；为了减免孩子在学习状态下的眼睛疲劳，要使用不闪烁的灯具；考虑同时作为卧室使用的灯具；专注兴趣时灯具可调光（书房）	桌灯与房间全体照明同时采用；采用可调光开关
	休息、睡觉	卧室	考虑睡觉姿势，避免光线直接进入眼睛；考虑深夜利用的灯光；根据行为可调节明暗	采用可调光开关；安装读书灯；安装常夜灯

1. 各空间与灯具的关联及实践方式

（1）户门

户门是连接室内外的地方，在这里既要迎接家人，也要迎接客人，堪称家的脸面。

门外部分，如图 4-7 所示，为避免门外过暗让人感到不安，可采用带传感器的自动点灯类型的灯具，会带来友好而人性化的体验。感应灯建议安装在门打开的一侧，且最好与门框平齐，这样会更美观，并且人到近前无论刷指纹还是用钥匙，都能看得更清楚。

门内部分的照明重点在于让主人和来客能够看清彼此的脸庞，所以灯光要照在双方脸上，如图 4-8 所示。

图 4-7　门外部分照明

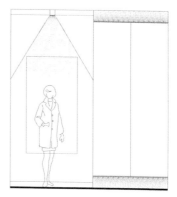

图 4-8　门内部分照明

门厅的主灯一般在空间正中，且不宜过大，以免造成压抑感。同时安装局部照明，用以照射绘画和装饰品，用灯光表现迎客的热情。当门厅有镜子时，由于主灯光源位于人站立的顶部，因此会产生阴影，导致有些地方反而看不清楚，所以要添加辅助光源（一般略靠近镜面），以便确认脸部颜色和衣服颜色的匹配性，如图4-9所示。门厅储物柜上下框要安装照明灯具，可考虑LED灯。不过需要注意的是，如果地面是地砖或大理石等具有较强反射能力的材料，在购买灯具时要比其他弱反射材料在亮度上小一号。

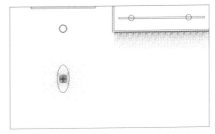
图4-9 主灯光源位于顶部，因此会产生阴影

（2）卫生间

现在卫生间多为干湿分离，有条件的甚至能做到三分离，即洗漱区、马桶区、淋浴区。

在洗漱区，人们要对着镜子刮胡子、化妆，还要看看自己的脸色以判断当天的健康状况。因此，将脸部照清楚是洗漱区照明中最关键的一点。洗漱区的照明位置比较有讲究，在镜子周围安装壁灯时，通常要让光线照射到脸和上部两侧，壁灯以距离地面1800 mm为宜，如图4-10所示；如果镜子两侧没有安装灯具的位置，一般可以选择在上方安装LED条形灯管。这里介绍一种比较时尚的脸部照明灯具，一般称其为"百老汇灯光"，就是在镜子周围安装一圈霜面玻璃小灯泡，在演员化妆间比较多见。

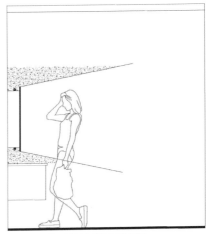
图4-10 镜子周围安装壁灯的情形

此处需要注意的是，当镜子后面是储物柜时，虽然在柜门挡住的地方安装灯具也能实现间接照明，但因为灯光没有直接照射在脸部，所以立体感较弱。再加上面池通常反光能力不错，下面的光反射到面部，展现的脸色并不自然。如图4-11所示。

图4-11 镜子后面是储物柜时的间接照明光线

马桶区除了排泄行为以外，还有一个重要功能，就是检查排泄物以便了解自己的健康状况，因此照明和亮度都该围绕这一点进行设置。

深夜如厕，如果光线和白天亮度相同的话，会影响接下来的睡眠，因此照明要区分时段及昼夜。可以利用调光开关，白天亮度充足，夜间设置为白天的三分之一或更低，以达成需求。若马桶区上方有吊柜，在吊柜下方安装间接照明灯具更为舒适，如图4-12所示。

淋浴区不仅是清洁身体的地方，更是让身心得到放松的地方。所以，照明不仅要有清洗身体污垢的亮度，还要营造放松的氛围。如图4-13所示。

淋浴区使用的灯具必须是防湿的，若有浴缸，想营造氛围的话还需要灯具有调光功能。另外，出于对老年人视觉及灯具维护方面的考虑，使用低频闪LED灯更为便利。

（3）厨房

厨房照明中最重要的是洗菜池等操作区不能被阴影遮蔽，所以需要在操作区附近安装灯具来保证足够的亮度，如图4-14所示。一般来讲，白色光会让操作区显得更为整洁。如果餐厅和厨房相连，可用暖色光统一，只有操作区采用白色光，这样不会影响操作，空间也不会有割裂感。

餐厅里，合适的亮度能使餐桌更为突出，能烘托就餐与谈话的快乐氛围。与白色光相比，暖色光、低照度更适合就餐的情境。因此光源可采用暖色系吊灯，能让餐桌显得更为突出，灯具以距离桌面700 mm为佳，可以让光线映在脸上，但不要遮住对方的视线。如图4-15所示。灯具较大或用到多个灯具时，总宽度不要超过桌子长度的一半。

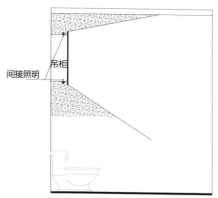

图4-12 马桶区上方吊柜的间接照明

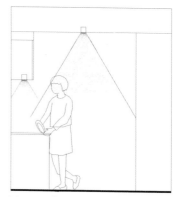

图4-13 淋浴区的照明

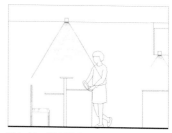

图4-14 厨房照明

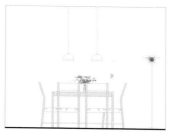

图4-15 餐厅照明

餐桌单头吊灯常见尺寸为 350 ~ 500 mm（指的是直径），当两盏或三盏灯具组合时，直径不宜超过 400 mm，这是在比例协调的尺度内的。实际上更为准确的计算方式是以房间为参照，把房间的长宽相加得到的长度就是吊灯直径的数字。比如某餐厅长为 31 cm、宽为 28 cm，吊灯直径的最佳尺寸即为 31 与 28 相加得到的 59 cm。

吊灯灯罩是不透明材质的话，与间接照明落地灯配合，不仅可以突出餐桌部分，还能增强就餐的轻松氛围。如果事先确定不了餐桌位置，可以考虑带配线盒的灯具，这样即使餐桌的长度有变化，也可以将吊灯挪到最合适的位置，如图 4-16 所示。或者用可调筒灯，便于后期调整。多盏吊灯排列时，两端留空距离需要大于灯与灯之间的间距，这样吊灯与餐桌的关系才会显得紧密，在视觉上比较协调。

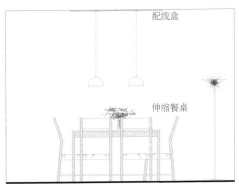

图 4-16　使用带配线盒的灯具以及伸缩餐桌

（4）客厅

客厅的主要功能在于维系家庭关系，家庭成员在这里看电视、看书或者娱乐等。因此客厅的照明方案应该适应多种用途，可以通过灯具的组合调光来改变亮度和氛围。如图 4-17 所示。除了可以使用调光开关，还可以采用场景记忆的调控装置，使调整更为便利。

图 4-17　客厅照明

图 4-18　边几处配边几灯

面积 10 m^2 及以上的客厅如果使用吊灯，需要保持灯下距离地面至少有 2000 mm 的高度，灯具直径 800 mm 起。

边几处要配边几灯，因为大家直角互坐，围拢灯光更容易产生交流而打破沉默。如图 4-18 所示。

沙发椅旁要有读书灯，三头变向为最佳，如图 4-19 所示。其中打向天花板的灯光是间接照明；射向地面的光可以平衡视线范围内的明暗对比，避免眼睛疲劳；射向书本的光，是直接的照明光线，满足长时间阅读所需的亮度。若采用无主灯照明格局，则需要在定制电视柜时考虑相应的照明。比如可在电视后方安装照射墙壁的 LED 灯具，也可在窗帘盒、客厅内装饰品等处安装照明，或者天花板的间接照明也可以，总之为了弥补主灯的缺失，其他地方的照明不可或缺。如图 4-20 所示。

图 4-19　沙发椅旁三头变向读书灯

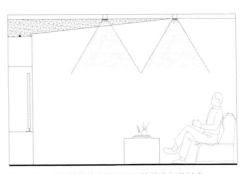

图 4-20　客厅其他地方的照明可弥补主灯的缺失

（5）走廊

走廊上一般采用壁灯或者筒灯。当走廊较长时，不要等距离安装灯具，应该在房间门口安装，让房间位置看得更明显。此外还要考虑深夜去卫生间的情况，可以安装脚边灯来满足需要，但位置和亮度都要适当，不要使人在深夜过于清醒，影响接下来的睡眠。安装脚边灯的高度一般为 300 mm，带感应装置的话效果更佳。

在门宽较窄的地方安装壁灯时，要使用直径较小的灯具，安装高度应该在 2000 mm 左右，最好与门框平齐。建议采用灯具上下方都发光的壁灯，既可以获得间接的照明效果，又可以保证脚边有足够的亮光。如图 4-21 所示。

在走廊上行走时，容易看到壁灯的侧面，所以要选用侧面设计舒适的壁灯。若走廊上有装饰画，可在距走廊较近一侧的天花板上安装射灯，让光线射向绘画，营造类似画廊的氛围。如图 4-22 所示。

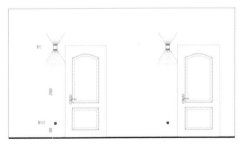

图 4-21 在门旁安装壁灯

图 4-22 在距走廊较近一侧的天花板上安装射灯

（6）书房

书房是进行学习、工作或集中精力于自己的兴趣爱好的地方，但这两种类型的行为对光的需求刚好相反，所以采用工位照明比较合适。

工位照明是一种将保证桌面亮度的局部照明和保证房间亮度的整体照明组合在一起的照明方法，整体照明带调光的功能，局部照明只在视觉作业时打开。这样既能营造放松时的舒适的照明环境，又可兼顾学习、工作时的亮度需要。如图 4-23 所示。

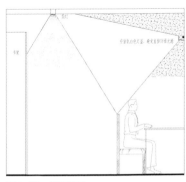

图 4-23　书房照明

（7）卧室

卧室是供人休息、养精蓄锐的场所。随着工作压力的增大和年龄的渐长，卧室采用低亮度、低色温的光线结构，更能有效促进睡眠。通常来说，卧室不建议有主灯的存在，因为安眠最忌白色光和直射光，理想的灯光设置是这样：顶灯靠近衣柜，便于衣物识别；局部照明可以有台灯或者读书灯等，或者在床头板定制间接照明，这样营造的氛围更温馨。如图 4-24 所示。

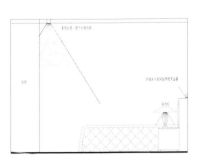

图 4-24　卧室照明

其他空间要使用明装灯具的话，低于 9 m^2 的空间建议灯具直径在 600 mm 以下；9～12 m^2 的空间灯具直径可在 600～700 mm 之间；12～20 m^2 的空间灯具直径为 800～950 mm；更大的空间就要安排多组灯具了，否则容易出现眩光的情况。

关于灯的颜色，如非必要，非专业人士可以不用去记忆类似"6 W""E27""暖白"等字样标识，一般购买灯泡时可在包装上寻找"3000 K"的字样，不超过这个数字的灯泡在家中使用基本都百搭。

2.关于开关

为了不用每天花费过多时间在调控和寻找遥控上，我们需要了解一下开关，避免自寻烦恼。具体见表4-2。

表4-2 开关的种类、用途及功能

种类			用途	功能
带定时	延时开关、带留守定时器		门厅、卧室、无窗卫生间	在设置时间后，0~5分钟内关灯；卫生间可以与排气扇联动，关灯后只有排气扇多转几分钟
带灯	家用保安灯、开关自带灯		带动作传感器的，用于走廊；带照度传感器的，用于卧室	位移传感器感应到人以后开、关灯；感光传感器感应到太暗时开灯，太亮时关灯
			卫生间走廊	关灯状态下，开关本身发亮，暗处也能找到开关位置，深夜启用时可以防止开灯刺眼
自动开关	位移传感器		走廊、衣柜、门口（门外用）	分为内置传感器和外置传感器两种，可以在感应范围区分使用
	感光传感器、带定时EE开关		门口（门外用）	未达设置亮度自动开灯，达到设置的亮度时自动关灯；与定时器配合使用，除了可以制定开关灯的时间以外，还可以用室内安装的开关关灯；外出旅行时，定时开灯、关灯可以起到防盗作用
其他	接触开关、接近形状		各房间	平板式开关操作简单，容易使用，通过传感器反应也可不用触摸即可开关
	三控、四控开关		客厅、走廊	可以同时控制两处或三处的灯
	调光开关		客厅、卧室、卫生间、走廊	与白炽灯配合使用，可以延长灯管寿命；用在卫生间或走廊，可以防止深夜灯刺眼
遥控器开关	闪灯、调光遥控		客厅、餐厅、卧室	坐着或躺着也能开灯、关灯、调节光线的强弱，只要带有遥控适配器，不用专用遥控器就可以使用
	场景记忆调光器		客厅、餐厅	根据行为组合灯具和亮度以适合各种生活场景

感应器着实省事，不过在安装时要注意一点，感应器与灯光距离要在 400 mm 以上，避免产生干扰，如图 4-25 所示。

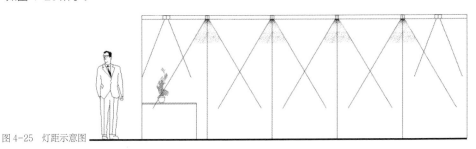

图 4-25 灯距示意图

3. 灯具安装注意事项

灯具重量大于 3 kg 时，要在施工阶段做预先处理，加固或预埋吊筋。

大的挑高空间用到的大型灯具要提前核算重量，并提交设计院复核结构承重以及是否超过电箱预留电源的总配电功率。

挑高空间电源更换困难，在光源选择上最好是寿命较长的 LED 灯具，同时预留部分光源以便备用。

三、床品

目前家居用的床品大多是主流的欧美风床品，床架、床垫、床裙、床笠、床单、搭毯、被套、颈部枕、装饰靠枕、标准枕、腰枕、欧枕一个都不少，如图 4-26、图 4-27 所示。

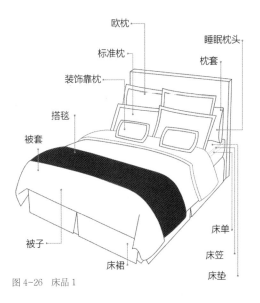

图 4-26 床品 1

图 4-27 床品 2

在应用前，先来了解下相关尺寸，见表 4-3。

表 4-3　床品尺寸

类型名称	类型图样	尺寸／mm
长枕		200×750 250×650 150×400
腰枕		350×900 300×600 300×400 250×500
欧枕		650×650
方枕		450×450
圆枕		400（直径）
大枕套		500×900
标准枕套		500×650

以上这些类型根据其场景会有不同的简化，具体的排列方式如图4-28所示。其中1是商务快捷酒店的通用标准；3、6、8、11、14多用于住宅；16 ~ 19多用于样板间；15常出现在部分五星级酒店；20 ~ 22较多应用在四星级酒店。当然，在实际操作中不局限于这些组合，还有很多变化的形式，要根据项目的具体需求进行实际操作。

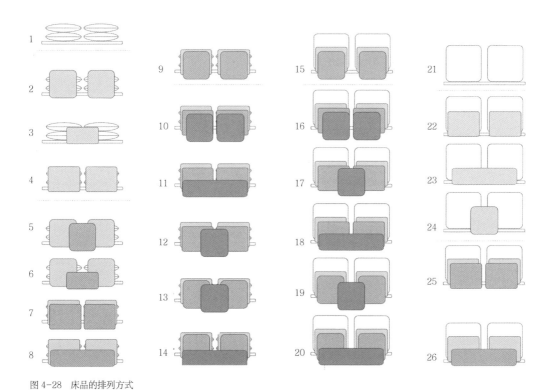

图4-28 床品的排列方式

关于床品的面料、织造形式，可参照表4-4。

表4-4 床品的面料、织造形式

种类	细则	优点	缺陷
棉	植物纤维组成	吸湿、透气、柔软、舒适、耐热耐光、易染色	易生霉、弹性差、易破
麻	分为苎麻布和亚麻布	抗霉抗菌、透气吸湿	不易染色
涤棉混纺	涤纶和棉花交织成就	不易皱、耐磨、易洗、快干	易起球、起毛、多静电
黏胶纤维	有黏胶长丝和黏胶短纤之分；别名为人造丝和人造棉	垂感好；耐酸碱、耐日光	易皱、缩水明显
蚕丝	统称丝绸	轻薄、柔软、爽滑、透气、有光泽	易皱、不结实、难打理
丝绵	棉和蚕丝混纺	质感柔软、透气吸湿	易皱、成本高

关于床品，有一些相关术语需要大家了解，比如支数、根数等，掌握这些才会对床品有清楚的认知。

面料支数是纱线表示的一种方式，表示纤维或纱线的粗细程度，因计算单位制不同，通常分为公制支数和英制支数两种。纱支越高，纱线越细，对原料的要求越高，纺纱工艺越先进，所以纱支越高越好。国内通常所说的60支、80支、100支、120支都是公制支数，市场上30～40支是中低档纱线，60支以上属于高档纱线。

根数则表示单位长度内纱线的数量，密度越高，纱线越多，面料越紧密，所以根数越高越好。通常市场上是200根以下的斜纹面料，300根以上属于高档面料。

综合来说，1500根140支是目前国内工艺的上限，1800根160支的生产工艺在国外的一些品牌能买到。

关于支数与根数的选择，可以参照表4-5。

表4-5　支数与根数

根数（单位：TC）	支数（单位：S）	厚度	柔软	密度	适用季节
200 TC	40 S×40 S 左右	薄	硬	疏	四季
300 TC	60 S×60 S	较厚	软	较疏	四季
400 TC	80 S×80 S	较厚	软	较疏	春、夏、秋季
600 TC	80 S×80 S	厚	较软	密	春、秋、冬季

另外，无论采用何种床品排列形式，最重要的是颜色和花纹，避免杂乱才是关键。关于床品的颜色和花纹，可以参照表4-6：

表4-6　床品的颜色和花纹

种类	细则	优点	缺陷
平纹织物	先织后染，正反面效果相同	透气、色泽鲜艳	密度不高、轻薄、缩水
斜纹织物	织物表面斜向纹路明显	柔软、不起球、不掉色	略微缩水、有浮色
缎纹织物	先织后染，多为纯色	密度高、厚实	—
提花织物	通过不同颜色纱线织就，色彩更自然；凹凸质感明显	图案不会水洗流失	—
磨毛印花	经过磨毛，产生细绒，手感更佳	蓬松厚实，保暖性佳	易掉毛、略重
活性印染	又名反应性印染，染料和纤维是一个整体	防尘佳	—

所谓协同、呼应，要协同的不只是靠枕和床单，还包括床头柜的画，甚至顶面和地面都有一定的呼应关系，才能避免割裂感，如图 4-29 所示。

花纹通常作为视觉焦点出现，所以不是越多越好，用花纹还是纯色要根据整体空间来确定，比如壁纸用了花纹，那床品就要轻素了。若实在难以违拗用户的要求，也要注意避免用在大面积的床品上，放在抱枕或腰枕上来体现就会减少很多"违和感"（意思指不协调）。同时，素色也要从墙的颜色中提取，才能保持色调统一。如果用到的花纹抱枕有两种甚至更多，那到中间一定要用素色隔开，避免混杂，同时也要避免糊色。糊色指的是床品、床屏、床头过于一致而无法区分，如图 4-30 所示。

图 4-29　协同与呼应　　　　　　　　　　图 4-30　床品、床屏、床头过于一致会导致糊色

四、窗帘

窗帘在遮光之外，还有一些修正的功能，比如调整空间的冷暖感、对窗户的修正、对层高的拉伸等，这些都能给空间带来直观变化，因此在设计的时候也需要认真对待。

1. 调整空间的色系

如果有些项目在接手时硬装就已经完成，但空间整体给人感觉偏冷，想要变得温暖一些，该怎么办呢？

窗帘就是个不错的切入点。空间偏冷说明整体用色饱和度较低，这时让窗帘使用饱和度较高的颜色来调整，便可以达成减缓并修正清冷感的效果，如图 4-31 所示。

即使没有调整空间色系的强烈需求，窗帘颜色与花纹的选择也十分重要。纯色窗帘要和墙体有三个色号的距离（深或浅均可，视现场效果而定），可以有效避免糊色。一般来讲，有几种常见搭配，比如白墙常用灰色或咖啡色、暖色墙面用冷色（图 4-32）、深咖啡墙配浅咖啡窗帘、灰墙配白色窗帘等。

图 4-31　冷色墙配暖色窗帘　　　　　　　　　　图 4-32　暖色墙配冷色窗帘

不同的深色对撞要注意，有时并非效果不佳，而是因为采光有问题。国内大多数住宅的采光环境并未达到全屋用深色还能点亮的程度，因此深色在无足够采光的前提下，会拖累效果。

同色、同花纹的情况要尽量规避，家居立体感不足的话，糊色的可能性剧增。另外明度太高的颜色风险极高，要慎用。

下面提供三个版本的颜色与花纹搭配攻略：

①简单版：纯色墙面可选带花纹的窗帘，但窗帘的花纹一定要有墙壁的颜色，如图 4-33 所示。

②标准版：窗帘颜色和墙壁没有关系，但和空间内其他物品颜色相关，比如地毯、床品、抱枕、沙发等，如图 4-34 所示。在与地毯相关联时要注意避免花纹相同，否则空间整体同一花纹面积会多得夸张。

③高级版：使用多种布料组合的窗帘，呼应关系是交叉的。比如双色拼接，深色在底部，浅色在高处；或者左右拼接，深色占较少的部分，浅色占较多的部分。深色和浅色的选择可选用前面提到的提色方法，如图 4-35 所示。

总之，窗帘对空间色系的调整可以起到很大作用，如图 4-36 所示。

图 4-33　简单版搭配

图 4-34　标准版搭配

图 4-35　高级版搭配

图 4-36　窗帘对空间色系的调整

2. 对窗户的修正

日常所见的大多数住宅窗户，无论高矮，位置都在墙面偏上。不过有些错层或小型叠墅是和地下室贯通的，室内窗户就在墙顶交界处，这样室内不管怎样装点，窗户的缺点都格外显眼。这时通过窗帘还能稍稍遮掩一下，让窗帘从顶到地一垂而下，使视线扫过窗户时，可以减少那种狭促感，如图 4-37 所示。

3. 对层高的拉伸

窗帘高度不同所带来的视觉效果完全不同。出于节约的习惯，窗帘展开能掩盖窗户的确满足了功能的刚需，但不符合美学以及想拉伸层高的预期。

图 4-37　窗帘对窗户的视觉效果有修正作用

① ②

图 4-38　窗帘距窗户上沿需要有一定高度才能体现拉伸感

要想视觉上产生拉伸层高的效果，窗帘首先要通顶并接近落地，离地面保留 10 ~ 20 mm 的高度，这样窗帘不易脏，且地面也无堆积累赘感。若实在做不到通顶，也请挂置距窗户上沿 130 ~ 180 mm 的高度，才能体现拉伸感，如图 4-38 所示。

如果不是一定要通过窗帘来体现风格特色的话，最好不要使用帘头。

最后来小谈一下窗帘面料。前文介绍了床品面料的种类划分及优缺点，而窗帘的选择没有床品那么多，很多时候只有涤纶一个方向。这种材料既能满足遮光要求，又能避免用户清洗时缩水，而且能保持垂感，一般来讲可以满足大多数用户的需求。在质感上，涤纶有太多混纺的分支，能带来不同的感觉，比如类棉麻的清爽手感、天鹅绒的绒面质感，或者人造丝的爽滑触感等，这些基本能满足用户的需求。

综合来说，窗帘选择的核心一是颜色二是质感，面料的选择在很多时候是一个"伪命题"。

五、地毯

1. 地毯的种类

地毯按材质可分为真丝地毯、纯毛地毯、化纤地毯和塑料地毯，如图 4-39 所示。

真丝地毯以天然丝线为原料，编织前需要大量的准备工作，以传统复杂的打结方式编织而就，在四类地毯中价格最为昂贵。

纯毛地毯就是羊毛地毯，毛质细密且有弹性，在吸声、脚感、保暖上优势突出。

化纤地毯的学名是合成纤维地毯，可分为尼龙、丙纶、涤纶和腈纶四种。其中最常见的是尼龙地毯，优势在于耐磨、不易腐蚀及霉变，图案花色近似纯毛，但阻燃、抗静电性能一般。

塑料地毯即橡胶地毯，多出现在商业空间，比如商场、酒店等，优势是防水、防滑、易清理。

图 4-39　各种地毯

地毯按表面纤维形状又可分为圈绒、割绒和圈割绒地毯三种。

圈绒地毯的纱线被簇植于主底布上，形成不规则的表面效果。出于簇杆紧密的特性，这种地毯不仅耐磨且维护方便。

顾名思义，割绒地毯就是把圈绒地毯的圈割开，其最大的特性是平整，但耐磨性低于圈绒地毯。

圈割绒地毯是割绒地毯和圈绒地毯的结合体。

此外，还有较为少见的马毛拼接地毯和整块马毛地毯。

2. 地毯的功能

首先是遮丑。面对一些无法改变的手抓纹、金钱纹地板以及碧绿的玉石地砖时，地毯就很重要了，可以达到"一毯遮百丑"的效果。

其次是协调统一与平衡。协调统一是指连接的作用，在客厅有三人沙发、双人沙发、单人椅、角几、茶几甚至贵妃榻的时候，地毯可以将这些家具连接起来，形成一个整体，如图 4-40 所示。

最后是平衡色彩。当同一空间中色彩有断裂感时，选择一款包含其色彩的地毯就能解决这个问题。当然空间色彩不能太多，不然地毯也把控不住。

图 4-40　地毯对空间及空间色彩有协调、平衡的作用

3. 如何选择地毯

地毯的尺寸选择可按照位置来定，大概可分为沙发区、餐桌区和床边及案台边三类。

（1）沙发区：对于常见的三人沙发，一般选择"2000 mm×3000 mm"的地毯刚刚好；对于双人或单人沙发，一般来讲"1600 mm×2300 mm"或"1400 mm×2000 mm"的尺寸更为合适。

（2）餐桌区：多数可以选择"1200 mm×1600 mm"左右的尺寸，当然这也跟项目的餐桌大小有关，在确保椅子可以正常拉开的情况下，脚能踩在地毯上即可。

（3）床边及案台边：一般这类家具宽度为500 ～ 700 mm，地毯的长度要根据项目实际情况而定。

以上数据仅供参考，毕竟每个项目的家具大小都不一样，如果有必要的话，可寻求供应商定制地毯。

4. 定制地毯

定制地毯的主要工作是选择色球以及确定花纹。先根据参考图选择色球，生产商根据色球及参考花纹给出效果图，经确认后出地毯小样，待小样得到验证及再次核对尺寸后开始加工生产。

六、花艺

花艺的作用在于提升空间的气质。一般来讲，空间的几个气质点包括玄关、客厅茶几、电视柜、餐厅餐桌、卫生间等五处，如图 4-41 至图 4-45 所示。

图 4-41　餐厅

图 4-42　电视柜

图 4-43　玄关

图 4-44　卫生间

图 4-45　茶几

1. 花艺的选型和空间风格倾向

在住宅中，花艺有五种风格倾向，分别为现代、欧式、北欧、中式及日式风格。

现代风花艺多用郁金香、蝴蝶兰、马蹄莲等，花器以玻璃和简洁的陶器为主，通过流畅的线条来凸显优雅、简洁的感觉。

欧式花艺以玫瑰、绣球、牡丹为主，花器多选用树脂、陶瓷来强调色彩的丰富和造型的丰满，如图 4-46 所示。

北欧风花艺多用植株、枝叶，比如琴叶榕、散尾竹、橡皮树、无花果树、虎尾兰、橄榄树、芦荟、绿玉、龟背竹、尤加利、芭蕉、春羽等，花器选用水泥、陶盆、木盆、红铜及黄铜、玻璃居多，简洁、宁静、贴近自然是北欧风的主要特点。如图 4-47、图 4-48 所示。

图 4-46　欧式花艺　　　图 4-49　中式花艺

中式花艺强调立体感，且选材丰富，无论干枝还是鲜花都是不错的选择，若非要选择的话，兰、梅、竹、柏是较为明显的中式花艺选择倾向，如图 4-49 所示。

日式花艺更讲究构图，简洁感和禅意是必须保持的风格特点，山茶、兰花是最多的选择。

花艺除了讲究造型和色彩，也与风格主题息息相关，比如休闲度假就要表达自然放松的感觉，用蒲棒做花艺就很容易将人带入这种感觉中。

图 4-47　北欧风花艺 1　　图 4-48　北欧风花艺 2

2. 花艺的实施

花艺的实施有四种情况：首先是直接选择相关的仿真花套装，优点是能直接看到花艺的造型效果，缺点是选择少，不可删减；其次是根据意向图片定制，优点是能表达设计师的意图，缺点是价格较贵；再次是自己选择容器、花材并确定造型，优点是等同定制品，缺点是要耗费大量时间；最后是选好花器，采用真花，优点是通过时间的磨砺和修剪，花艺可与空间更加协调，缺点在于需要不断养护。

那么最合理的方式是哪种呢？通常从成本、效果以及后期维护来看，真假配合是最合适的，若枝干选用真植，而叶片是仿真，这样才能自然；另外好养、易存活的植物可以选用真植，难养的就用仿真。

七、装饰画

装饰画主要关注的是构图、色彩和题材三个方面。

构图讲究挂画和室内陈设的颜色呼应，所以找到家里的主色调，然后可以反复出现。这里的主色调是除去黑白灰后剩余的颜色。至于主色调的选择，可以从已有的东西入手，选出一种颜色后以此为起点来确定单个强调色。当然，走高冷风的话可以从黑白灰当中选色。

这种构图对应家里只有一种主色，如果家里出现双色甚至三色的主流搭配，那么挂画还请从黑白灰当中选择，谨记三色原则。

装饰画的内容要如何选择呢？一般来讲，有三个比较：能选抽象画就不要选带具体内容的画，这样和环境失调的风险比较小；能选明亮的画就不要选暗沉的画，特别是较小的户型，若用伦勃朗笔下那些色彩较为暗沉的绘画，会让空间更为局促；能选景物画就不要选人像画，人像画会让用户有常被盯着的感觉。如图4-50至图4-53所示。

图 4-50　装饰画

图 4-51　装饰画 2

图 4-52　装饰画 3

图 4-53　装饰画 4

画框怎么选择呢？边框要尽可能细窄，"细框 + 留白"适用于绝大部分画；细金框（黄铜）会让画看上去更昂贵；彩色画要用白框或无框；植物图（琴叶榕、散尾竹、橡皮树等）及风景图案优先选用原木色细框；字母、几何画最好选用黑色细框。

装饰画的挂法有宽度及高度两方面，如图4-54、图4-55所示。宽度方面，装饰画的总宽度最好是墙壁总宽度的0.57；高度方面，一般以离地1450 mm处作为画的中心。

图 4-54　从宽度考虑挂装饰画

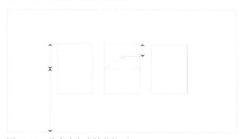

图 4-55　从高度考虑挂装饰画

装饰画和家具的比例，若在客厅的话，画的总宽度应该是沙发总宽度的三分之二，高于沙发 150～200 mm 即可；若在餐厅的话，装饰画可以低于 1450 mm 的位置，因为在餐厅时，人们大多是坐着的。如图 4-56 所示。

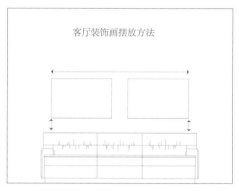

图 4-56　在客厅及餐厅中装饰画的最佳摆放方法

关于画的组合及数量，需注意一点，住宅项目中除了书房之外的各较小空间里，要避免画的拼集，最多不要超过五幅，超出这个数量后容易有凌乱感。小体量的项目要控制画的总数，过多有拥挤感，也会湮灭画的特色。

装饰画的色彩要与空间色彩呼应，比如椅子可与装饰画颜色呼应，虽然不是同一明度、亮度，却属于同一色系。在空间颜色配比上，不要所有色彩都统一集中在家具上，而是从地面到家具再到墙面及顶面，都做到颜色相呼应才算达成协调。

事实上在选择装饰画的时候，有一种最让设计师"糟心"的情况，那就是找不到合适的画作。那么作为从业者，设计师要怎样应对呢？应该说，学过设计的人，虽然没有大师的能耐自己去创造作品，但也要掌握一些创新的方法，比如可以用拼接组合这种看似较为取巧的方式来为用户提供装饰画，如图 4-57 所示。

图 4-57　用拼接组合的方式提供装饰画

有些装饰画笔触细腻，内容丰富，作为装饰画组合中的一幅挂到墙上会感觉密度太大，细节展示不出来；如果放大挂上去又会过于巨大，在空间中也显得有些突兀。这时候可以尝试着将画分割、截取，比如做成两幅或组画。以组画构建场景时，比如在孩子的房间可以用学琴的过程来构建，但要注意不要每张画上都有人物，这样反而会缺乏空间感。

八、陈设品

陈设品是陈设设计中最难的部分，主要关注场景、构图和艺术感三个方面。

场景方面，要根据实际场景来选择饰品；构图方面，饰品、家具和装饰画是构图的一部分，不能把饰品单独拎出来构思，要以整个空间为基础进行搭配；艺术感方面，饰品要赋予空间艺术感，从而提升品质。如图 4-58 所示。

设计师如果对饰品的摆放有些茫然无知，那么临摹是最好的指路灯。比如关于装饰柜饰品的摆放，可以选一个经典的图片作为参照，将内涵元素提取出来，比如挂画、灯具、花艺、摆件等，然后推算外框尺寸，再找到自己项目中的替代品，参照原图一一摆入，这样做出来的最终效果对新手设计师来说已经很好了。当然，我们并不是要设计师拿用户的项目做实验来练手，只不过设计师都会有一个成长和积累经验的过程。

图 4-58 装饰柜饰品的摆放

书架或搁板上的饰品陈列，要遵循三个原则，即对角线原则、三角形原则和视线高度原则。

对角线原则是指将柜板等进行陈设的位置作为一个画面，将引导线沿画面对角线方向分布，就成了对角线构图。引导线可以是直线，也可以是曲线甚至折线，只要整体延伸方向与画面对角线方向接近，就可以视为对角线构图。

三角形原则是以三个视觉中心为陈设的主要位置，将三点连线形成一个三角形。根据陈设位置的大小可出现多个三角形组合为大三角的情况，更符合其规则的本质。如图 4-59、图 4-60 所示。

视线高度原则是以用户的鼻尖高度为中心线，在该高度内放置高品质、高价位的饰品，从而给人以先入为主的印象。

此外，若对摄影有研究的话，还可以尝试三分法构图、中央构图、对称构图等陈设形式。

一般来讲，要先放饰品，再放书籍道具。

图 4-59　架上饰品摆放看似平常，其实大有学问　图 4-60　从连线可见，饰品摆放遵从三角形原则

茶几上饰品的摆放，需要分析沙发区的出入口和走廊之间的关系，将过往最频繁的入口方向作为茶几陈设的起点。要先低后高，让每个饰品都有亮相的机会。如图 4-61 所示。

图 4-61　茶几饰品的摆放

餐桌饰品的摆放要注意尺寸，首
先分析餐盘的尺寸，其次是餐巾、餐垫，
最后是酒杯、烛台、花艺等。将这些
饰品在图纸上放样排布，看一看整体
的比例是否协调。如图 4-62 所示。

总之，家居用到的饰品很多，如
图 4-63，要根据情况进行摆放。

图 4-62　餐桌饰品的摆放

图 4-63　家居可能用到的各种饰品

第二节　基础家具的选择与搭配

一个家庭所有的固定家具中，有五件是必须要搞清楚的，分别为沙发、茶几、电视柜、餐桌以及床。除此之外，设计师还要具备良好的色彩搭配能力。色彩搭配得好，在视觉上形成一定的吸引力，才会让用户喜欢上你的设计，进而信任你的设计能力。

一、沙发的选择

在了解沙发尺寸的知识之前，首先要掌握沙发的三个基本尺寸点：宽度、深度和高度。

图 4-64 中，1 为沙发宽度，2 为沙发深度，3 为沙发高度，每一点都会影响沙发的大小、房间的布局和外观的选择。

1. 考虑宽度

沙发有单人沙发、双人沙发、2.5 座宽松双人沙发（介于双人和三人沙发之间，后文简称为"2.5 座沙发"）、三人沙发以及四人沙发等。它的宽度影响可坐人数和可用空间。

首先，宽度尺寸影响坐着的人数，不同的沙发规格可容纳的人数不同，如图 4-65 所示。

图 4-64　沙发的三个基本尺寸点

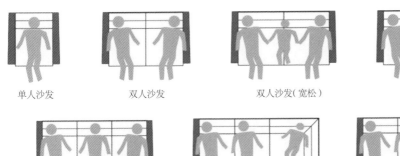

单人沙发　　双人沙发　　双人沙发(宽松)　　三人沙发

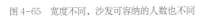

三人沙发　　　　　四人沙发　　　　　四人沙发

图 4-65　宽度不同，沙发可容纳的人数也不同

其次，沙发宽度与房间布局密切相关。根据客厅主要的功能分配来选择合适的沙发才能适得其所，盲目套用常规沙发放置方式，只会让空间更为局促。

举个例子，"3000 mm×3700 mm"规格的客厅，桌子与沙发之间的空间会太过局促，而"3000 mm×4700 mm"规格的客厅，桌子与沙发之间则会有较大的通行空间，如图4-66所示。因此需要根据空间的大小来选择合适的沙发组合，而不能一概而论。

不同的沙发尺寸不同，能承载的人数也不同，即使是相同类型的沙发，由于款式和适用场所的不同，也具有不同的宽度尺寸。

（1）单人沙发

单人沙发分为标准型和休闲型。标准型较大，休闲型较小，若房间不是很宽敞，在着手时可尝试休闲型沙发。具体如图4-67至图4-72所示。

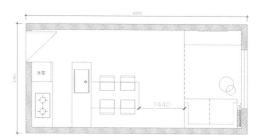

图 4-66 空间越大，通行空间越宽裕

图 4-67 单人沙发实景布置

图 4-68 宽 620 mm 休闲椅沙发

图 4-69 宽 790 mm 标准沙发

图 4-70 宽 700 mm 紧凑型沙发

图 4-71　宽 550 mm 单人椅沙发

图 4-72　宽 900 mm 单人沙发

单人沙发作为最小的组合单位，无论是卧室内的单人椅还是用来接待或做搭配、点缀的休闲椅，都有多种组合方式，如图 4-73 至图 4-75 所示。

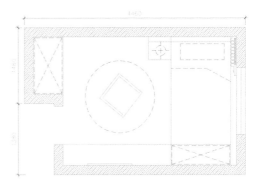

图 4-73　单人沙发组合方式 1

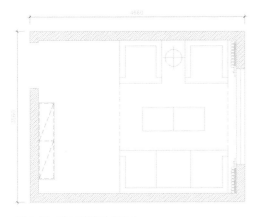

图 4-74　单人沙发组合方式 2

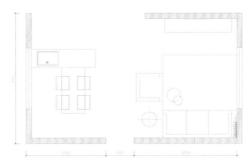

图 4-75　单人沙发组合方式 3

（2）双人沙发

　　双人沙发内侧的宽度会影响两人坐在一起的距离，在选择时为了营造舒适性，可以让沙发宽一些。此外，如果想要空间从视觉上显得更大一些，可以选择款式较为低矮的沙发，如图 4-76 至图 4-82 所示。

图 4-76　较为低矮的双人沙发实景布置

图 4-77　宽 1500 mm 紧凑型沙发

图 4-78　宽 1600 mm 紧凑型沙发

图 4-79　宽 1700 mm 标准沙发

图 4-81　宽 1900 mm 沙发

图 4-80　宽 1800 mm 标准沙发

图 4-82　宽 2030 mm 沙发

双人沙发由于大小适中，适合多种生活方式，独居或家庭生活都可以，如图 4-83 至图 4-85 所示，实景布置如图 4-86 所示。

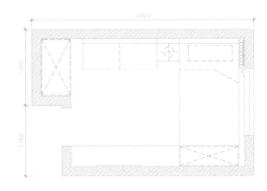

图 4-83　双人沙发摆放方式 1

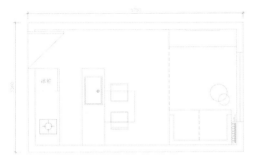

图 4-84　双人沙发摆放方式 2

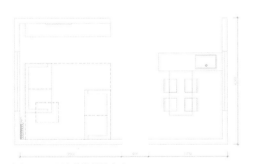

图 4-85　双人沙发摆放方式 3

图 4-86　双人沙发实景布置

（3）2.5 座沙发

2.5 座沙发比双人沙发宽 300 mm 左右，坐着比较宽松舒适，尤其适合靠躺。因此，2.5 座沙发也是所有沙发类型中最受欢迎的。这种类型的沙发款式有以下几种，如图 4-87 至图 4-92 所示。

图 4-88　宽 2280 mm 沙发

图 4-89　宽 2100 mm 沙发

图 4-90　宽 2000 mm 沙发

图 4-91　宽 1900 mm 沙发

图 4-87　2.5 座沙发实景布置

图 4-92　宽 1800 mm 紧凑型沙发

2.5座沙发与双人沙发极为接近,所以在场景上区分不大。以下为这类沙发的平面布置,如图4-93至图4-95所示,实际布置如图4-96所示。

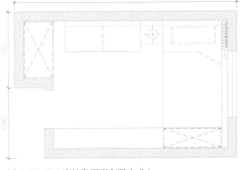

图 4-93　2.5座沙发平面布置方式1

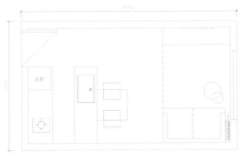

图 4-94　2.5座沙发平面布置方式2

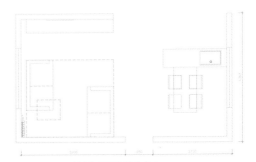

图 4-95　2.5座沙发平面布置方式3

图 4-96　2.5座沙发实际布置方式

（4）三人沙发

三人沙发尺寸多为 2300 mm 及以上，在空间内的存在感明显增强，对空间上的布局有重要影响，如图 4-97 至图 4-101 所示。

图 4-97　三人沙发实景布置

图 4-98　宽 2500 mm 沙发

图 4-99　宽 2400 mm 沙发

图 4-100　宽 2300 mm 沙发

图 4-101　宽 2130 mm 紧凑型沙发

三人沙发的类型主要有以下两种款式，如图 4-102、图 4-103 所示。

目前三人沙发主流模块化，各种类型都可以自由组装，从适用人数和形态样式上都突出个性化的特点。它的适用空间主要有以下几种，如图 4-104 至图 4-106 所示，实景布局如图 4-107 所示。

图 4-102　宽 2290 mm 沙发

图 4-103　宽 2510 mm 沙发（宽座款）

图 4-104　标准三人沙发布局

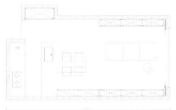

图 4-105　低矮三人沙发布局

图 4-106　高背沙发三人架布局

图 4-107　三人沙发实景布局

（5）四人沙发

四人沙发款式变化更多的是纵向宽度，如 L 形沙发，而不是横向宽度。除了宽度为 2000 mm 及以上，深度尺寸也逐步增加，如图 4-108 至图 4-111 所示。

图 4-108　四人沙发实景布置

图 4-109　宽 2820 mm 沙发

图 4-110　宽 2570 mm 沙发（Rowsofa）

图 4-111　宽 2250 mm 紧凑型沙发

由于四人沙发体量较大，实际能坐的人数可能更多，一般要考虑居室的视野开阔性，所以在选择时可以从低矮款入手。平面布置如图4-112至图4-114所示，实景布置如图4-115所示。

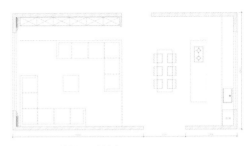

图 4-112　单侧 4.5 座沙发

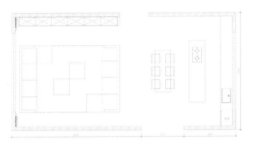

图 4-113　单侧六人沙发

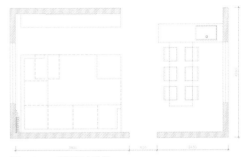

图 4-114　高背五人沙发

图 4-115　四人沙发布局的实景展示

2. 考虑深度

沙发的深度尺寸会影响现场活动线，深度越小，可以确保的生命活动线（也就是过道）就越宽，走路就越方便，但也会相应降低舒适度。如果想要舒适地坐下来，选择有深度的沙发，体验感会更好，如图 4-116 所示。沙发深度的差异尺寸比较，如图 4-117 至图 4-120 所示。

图 4-116　有深度的沙发坐起来会更舒适

图 4-117　深 800 mm 紧凑型沙发

图 4-118　深 900 mm 标准型沙发

图 4-119　深 1040 mm 沙发

图 4-120　深 1580 mm 沙发

关于不同深度的沙发对动线影响的差异，可以通过以下具体的空间尺寸对比来进行说明。

（1）紧凑型沙发对动线的影响

如图 4-121、图 4-122 所示，由于 2.5 座紧凑型沙发的深度是 800 mm，再加上 800 mm 的单人沙发，在紧靠背墙的情况下，3140 mm 的空间宽度剩余 1540 mm。图 4-123 就是使用双人紧凑型沙发来有效利用空间的例子。

图 4-121　宽 2100 mm、深 800 mm、高 730 mm 的沙发

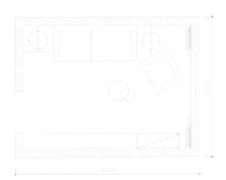

图 4-122　客厅平面俯视尺寸

图 4-123　双人紧凑型沙发实景布局

（2）标准沙发对动线的影响

如图 4-124 至图 4-126 所示，标准沙发的深度是 900 mm，再加上 800 mm 的单人沙发，在紧靠背墙的情况下，剩余的活动空间是 1440 mm。

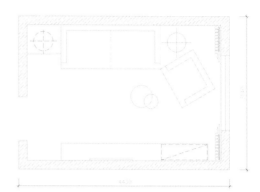

图 4-124　客厅平面俯视尺寸

图 4-125　宽 1850 mm、深 900 mm、高 750 mm 的沙发

图 4-126　标准沙发实景布局

（3）低矮型沙发对动线的影响

"Rowsofa"是一种低矮型沙发，深度比常规沙发深，一般深 890 mm，但由于整体造型低矮，所以对空间的压迫感并不强烈，如图 4-127 至图 4-129 所示。

图 4-128　宽 1850 mm、深 890 mm、高 520 mm 的沙发

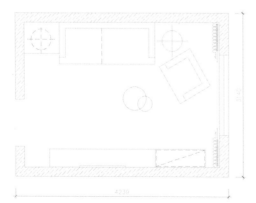

图 4-127　客厅平面俯视尺寸

图 4-129　低矮型沙发实景布局

（4）2.5 座高背沙发对动线的影响

高背沙发与低矮型沙发相比，体型更大，对空间有较为明显的压迫感，如图 4-130 至图 4-132 所示。

图 4-130　宽 2550 mm、深 920 mm、高 1820 mm 的沙发

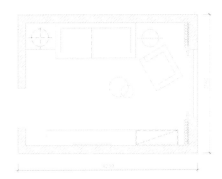

图 4-131　客厅平面俯视尺寸

图 4-132　高背沙发实景布局

3. 考虑高度

沙发的高度会影响房间的开阔感，但也不能为了营造客厅的宽阔视野而盲目选择低矮型沙发，因为那样会降低沙发的舒适感，如图 4-133 所示。

图 4-133　低矮型沙发虽然可以营造宽阔视野，但会降低舒适感

不同类型的沙发高度对比，如图 4-134 至图 4-137 所示。

图 4-134　高 660 mm 紧凑型沙发

图 4-135　高 760 mm 沙发

图 4-136　高 850 mm 标准沙发

图 4-137　高 1040 mm 高靠背沙发

那么如何考虑沙发的背面呢？其实传统的沙发放置方式大多是靠墙的，无论后背的高度是多少，在视觉上并不构成太多阻碍。然而目前的设计行业越来越流行空间一体化，经常会把沙发放到空间的中央，这样放置会看到沙发背面，就会直接影响到空间的开阔感，如图 4-138 至图 4-141 所示。

图 4-138　低软型沙发实景布置

图 4-139　紧凑型沙发实景布置

图 4-140　标准型沙发实景布置

图 4-141　高背沙发实景布置

那么如何让沙发背面更适合空间的搭配呢？其实低矮的沙发背面较低，不影响活动视野，可以使空间更为通透；相对地，低矮型沙发在使用上就不如高背沙发舒适，二者之间的权衡需要设计师根据用户需求认真把握。以下是两个把握得比较好的案例，如图 4-142、图 4-143 所示。

图 4-142　低矮型沙发实景布置较好的案例

图 4-143　高背型沙发实景布置较好的案例

二、茶几的选择

和沙发搭配的茶几在客厅中也承担着比较重要的角色，与其说茶几是一个用来放置物品的桌子，不如说茶几更多的是个搭脚的存在。人们对茶几尺寸的选择一般以高度为先，如图 4-144 所示。

图 4-144 茶几高度影响人们的选择

选择茶几时，首先要考虑高度，其次是大小，最后要根据用户基于沙发的生活习惯——比如吃饭、工作抑或喝茶、休闲等——来决定茶几的大小。总体来说，茶几的选择和布局主要有三个衡量标准：预期用途、使用人数以及与沙发的搭配。

1. 预期用途

有的用户喜欢盘坐于地毯上喝茶，有的喜欢在沙发上半躺着吃零食，有的喜欢在沙发上工作或者使用电脑等，因此要根据用户的生活方式来选择茶几高度。

坐在地毯上喝茶、吃饭和工作，建议茶几高度在 300 ~ 400 mm 之间，如图 4-145 所示。

图 4-145 适合坐在地毯上喝茶、吃饭和工作的茶几

坐在沙发上喝茶、半躺，依然建议茶几高度在 300 ~ 400 mm 之间，如图 4-146 所示。

图 4-146　适合坐在沙发上喝茶的茶几

在沙发上吃饭，建议茶几高度在 550 ~ 650 mm 之间，如图 4-147 所示。

图 4-147　适合在沙发上吃饭的茶几

在沙发上工作，依然建议茶几高度在 550 ~ 650 mm 之间，如图 4-148 所示。

图 4-148　适合在沙发上工作的茶几

各种类型茶几的尺寸在这里也一并拿出来作为参考，如图 4-149 至图 4-152 所示。

图 4-149　矮几高度 280 mm

图 4-150　茶几高度 310 mm

图 4-151　茶几高度 400 mm

图 4-152　茶几高度 500 mm

2. 使用人数

不同的使用人数也有对应的茶几尺寸，如图 4-153 所示。

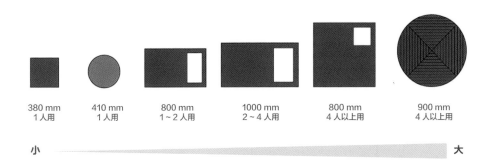

| 380 mm | 410 mm | 800 mm | 1000 mm | 800 mm | 900 mm |
| 1 人用 | 1 人用 | 1~2 人用 | 2~4 人用 | 4 人以上用 | 4 人以上用 |

小　　　　　　　　　　　　　　　　　　　　　　大

图 4-153　不同的人数对应的茶几尺寸

使用人数为 1 ～ 2 人，可选择边桌或茶几，使用款式可以有所不同：

极为轻巧的边桌，如图 4-154、图 4-155 所示，一般宽 380 mm 左右，即使力量较小的女性也可以轻易移动，但是这种边桌的缺陷是缺乏储物功能。

U 形边桌，如图 4-156、图 4-157 所示，宽 400 mm 左右，可以推入沙发之间，方便随手放置水杯、小食品等。

图 4-155　轻巧边桌实景布置

图 4-157　U 形边桌实景布置

圆边桌，如图 4-158、图 4-159 所示，直径 410 mm 左右，个别类型有升降的功能。

图 4-158　圆边桌实景布置

图 4-159　圆边桌

咖啡桌，如图 4-160、图 4-161 所示，宽 600 mm 左右，能满足简易的工作和餐食所需。

图 4-160 咖啡桌

2 ～ 4 人所用的茶几多为矩形，尺寸一般为"800 mm×1000 mm"，如图 4-162、图 4-163 所示，款式上有曲面圆角、镶嵌玻璃、带抽屉等不同种类。

图 4-162 矩形茶几

图 4-161 咖啡桌实景布置

通透的玻璃材质可以减轻深色茶几的压抑感，尺寸也是"800 mm×1000 mm"，如图 4-164 所示。

图 4-163 矩形茶几实景布置

图 4-164 玻璃材质的茶几

圆形矮桌比较方便用餐，厚重感不强，紧凑的房间里也可以放置，如图4-165、图4-166所示。

图4-165　圆形矮桌

图4-166　圆形矮桌实景布置

3. 与沙发的搭配

从与沙发匹配度方面考虑的话，茶几的选择一般要考虑比例协调的美观性。茶几的宽度一般要比主位沙发的宽度小600～900 mm，这样看起来会更和谐美观，如图4-167所示。

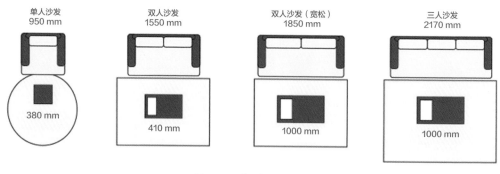

图4-167　茶几与不同沙发搭配要协调

下面举几例典型搭配：

例1：单人沙发宽度950 mm，茶几配合直径为500 mm，如图4-168所示。

例2：双人沙发宽度1550 mm，茶几配合尺寸为"400 mm×800 mm"，如图4-169所示。

例3：2.5座沙发宽度1850 mm，茶几配合尺寸为"500 mm×1000 mm"，如图4-170所示。

例4：三人沙发宽度2170 mm，茶几配合尺寸为"500 mm×1200 mm"，如图4-171所示。

例5：3.5座沙发宽度2450 mm，茶几配合尺寸为"500 mm×1000 mm"，如图4-172所示。

例6：四人沙发，尺寸为"2270 mm×2090 mm"，茶几配合尺寸为"800 mm×800 mm"，如图4-173所示。

直径500 mm

图4-168　例1平面图

400 mm×800 mm

图4-169　例2平面图

500 mm×1000 mm

图4-170　例3平面图

500 mm×1200 mm

图4-171　例4平面图

500 mm×1000 mm

图4-172　例5平面图

800 mm×800 mm

图4-173　例6平面图

如果还要兼顾部分用餐功能，在选择时尺寸需要再宽松些。如果需求倾向于空间的展示性，那么在选择时则要考虑款式和高度了。另外还要加一条，那就是房间的尺寸，如果房间面积紧凑，茶几则可以选择侧桌而非前面的矮几。

以2.5座沙发与空间搭配为例，沙发宽1800 mm，可以配合宽380 mm的侧桌；如果空间宽裕，则适合配置矮几，矮几高度和沙发座表面高度一致最好，高度差允许范围为50 mm，如图4-174至图4-177所示。

图4-174　沙发搭配矮几实景布置

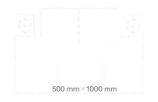

500 mm×1000 mm

图4-175　沙发搭配方正的侧桌

高380 mm

图4-176　矮几与沙发座表面高度一致

图4-177　2.5座沙发搭配茶几实景布局

下面举一些实际的例子，以便更好地理解搭配原则。

如图4-178，图中客厅空间视野开阔，沙发前只放有边桌，在没有茶几的情况下显得空间极为宽敞。

图4-178　沙发前只有边桌而无茶几

如图4-179，空间大小适中，800 mm长的茶几保留了足够的宽度可以让人顺畅通行，同时空间也显得更为规整，利用起来更为方便。

图4-179　茶几不影响通行宽度，空间更为规整

如图4-180，空间较为开阔，1000 mm长的茶几搭脚或摆放都很适合，不用顾虑两侧的空间，大大的茶几也为空间增添了几分客厅的专属感。

图4-180 开阔空间可以使用大茶几增添客厅专属感

如图4-181，一套非常规组合，有靠背垫子配以直径600 mm的圆几，适合精致的小空间，无论个人休闲还是朋友欢聚都较为适用。

图4-181 小空间的非常规则组合

如图 4-182，这种搭配比较适用于欢聚空间，边长 800 mm 的方桌配上低矮的转角沙发，使客厅拥有了较大的容纳空间，在顺畅实用的同时，亦在动线上不受阻碍，利于亲朋欢聚。

图 4-182　适用于欢聚空间的搭配

如图 4-183，这样的多功能一体空间，无论小憩、喝茶还是工作、学习，都可以使用较高的茶几。当然，如果配以可调试高度的茶几，效果会更好。

图 4-183　适用于多功能一体空间的搭配

三、电视柜的选择

以前电视柜通常要承担电视机的重量、把控电视机的高度。随着电视机的轻薄化，重量已经不再是一个难题，而且电视机还可以随意上墙，所以现在电视柜的作用更多的是承接机顶盒之类的设备以及平衡电视墙的美观，如图 4-184 所示。

图 4-184　电视柜可以平衡电视墙的美观

电视柜的选择一般要考虑两点：与墙的搭配和与电视机的搭配。

1. 与墙的搭配

关于电视柜与墙的搭配，在这里直接通过展示图片作为参考，如图 4-185 至图 4-187 所示。

图 4-185　墙宽约 3500 mm

图 4-186　墙宽约 1500 mm

图 4-187　墙宽约 2500 mm

以上是在不同墙体宽度下与电视柜组合的实景，下面以相同墙宽与电视柜的不同搭配来进行对比，以便大家直观感受不同的陈列所带来的不同视觉效果。

如图 4-188 所示，实际墙宽 3000 mm，左侧柜体宽 425 mm，电视矮柜宽 1500 mm，植物盒宽 1075 mm，总计宽度为 3000 mm。

如图 4-189 所示，实际墙宽 3000 mm，两侧立式柜每个宽 425 mm，电视柜宽 2150 mm，总计宽度为 3000 mm。

简单来讲，墙越宽，放置电视柜和其他更大的物品也越容易，但有可能会出现大的墙面填不满、小的墙面挤太多等问题，在视觉和使用上都不方便。所以怎样合理搭配就比较考验设计师对比例的把控能力了。一般来讲，墙面宽度与电视柜之间的距离空余在 1000 mm 左右比较合适。

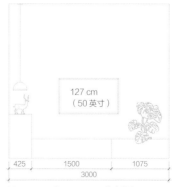

图 4-188　宽 1500 mm 的电视柜

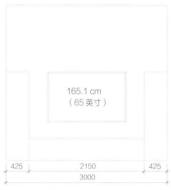

图 4-189　宽 2150 mm 的电视柜

图 4-190 宽 1500 mm 的电视墙的设计

下面以 1500 mm、2500 mm、3000 mm、4000 mm 和 5000 mm 等不同的墙面宽度分别举例说明：

①如图 4-190 所示，1500 mm 的墙面不够宽阔，可以直接用和墙面等宽的电视柜板加小柜，整体效果较佳，也提升了空间的利用率。平面图展示见图 4-191，电视柜宽 1160 mm，观叶植物宽 300 mm，总计宽度 1460 mm。

图 4-191 宽 1500 mm 电视墙平面图

②如图 4-192 所示，实际墙宽 2500 mm。平面图展示见图 4-193，电视柜宽 1500 mm，植物宽 400 mm，总计宽度 1900 mm。

图 4-192 宽 2500 mm 的电视墙的设计

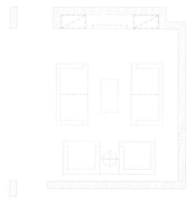

图 4-193 宽 2500 mm 的电视墙平面图

③ 如图 4-194 所示，实际墙宽 3000 mm。平面图展示见图 4-195，观叶植物大约宽 400 mm，电视柜宽 1540 mm，侧柜宽 400 mm，总计宽度为 2340 mm。

图 4-194　宽 3000 mm 的电视墙设计

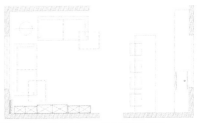

图 4-195　宽 3000 mm 的电视墙平面图

④ 如图 4-196 所示，实际墙宽 4000 mm。平面图展示见图 4-197，两边百叶窗中高柜的宽度各为 425 mm，电视柜宽 1500 mm，总计宽度为 2350 mm。

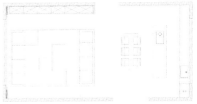

图 4-197　宽 4000 mm 的电视墙平面图

图 4-196　宽 4000 mm 的电视墙的设计

⑤如图 4-198 所示，实际墙宽 5000 mm。平面图展示见图 4-199，侧柜宽 450 mm，电视柜宽 1500 mm，植物大约宽 400 mm，总计宽度为 2350 mm。

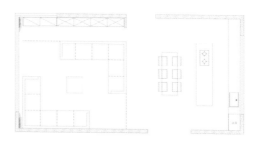

图 4-199　宽 5000 mm 的电视墙平面图

图 4-198　宽 5000 mm 的电视墙的设计

2. 与电视机的搭配

选择电视柜时，除了要权衡电视柜和墙面的比例，还需确认电视柜上面及周围要摆放什么。由于电视柜承载的物品十分多样，可以根据具体的生活方式进行举例和设想，如图 4-200 至图 4-206 所示。

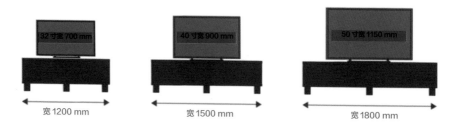

图 4-200　电视柜与电视机的搭配

图 4-201 横柜

图 4-202 横柜与高柜组合

图 4-203 落地灯

图 4-204 电视柜与叶子植物

图 4-205 电视柜上可以摆放装饰品

图 4-206 电视柜与扬声器

现在电视机屏幕尺寸越来越大，但设计师在协助用户购买电视柜时要注意，并不是电视柜比电视机大就一定好，要权衡电视柜与电视机的平衡感。下面用几种实际情况为例来进行说明。

见图 4-207，在宽度为 1500 mm 的电视柜上放置对角线长 109.22 cm（43 英寸）的电视机，那么平衡线条变成山形，电视机两侧距电视柜边缘有 200 ~ 300 mm 的空间，可以看到电视机的外围。

图 4-207　平衡线条为山形的摆放方式

但是，在理想状态下，电视机应该放在由电视柜拉起的三角虚线范围之内，两侧边缘之外还应有 200 ~ 300 mm 的空余，图 4-207 中的放置方式明显不合适，实际情况应如图 4-208 所示。

实景图展示见图 4-209，百叶窗的电视高柜宽 425 mm，电视柜宽 1500 mm，搭配的电视机对角线长 109.22 cm（43 英寸）。

图 4-208　理想状态下的摆放方式

图 4-209　宽 1500 mm 电视柜摆放对角线长 109.22 cm（43 英寸）电视机的实景布置

电视柜与电视机常规比例搭配，如图 4-210 所示。

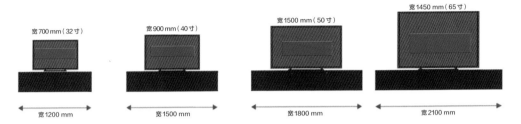

图 4-210　电视柜与电视机常规比例搭配

如果墙面情况特殊，电视柜一侧有门或窗等情况，电视机就需要偏向另一边。在这种情况下，设计师可以做出一些尝试，如图 4-211、图 4-212 所示。

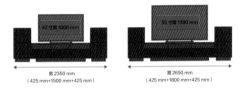

图 4-211　墙面有特殊情况时可以适当尝试其他尺寸

图 4-212　电视机对角线长 127 cm（50 英寸），电视柜宽 1800 mm

在无法调节的情况下，电视柜上放置尺寸尽可能大的电视机，那么在电视机的两侧至少要留出150 ~ 200 mm 的空间，而且在电视柜的两侧还要放置高柜以形成视觉上的三角中心，这样与大电视机的平衡会更好，如图 4-213、图 4-214 所示。

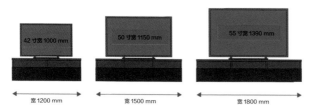

图 4-213　无法调节时电视机两侧至少要留出 150 ~ 200 mm 的空间

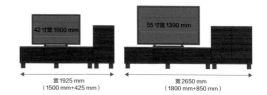

图 4-214　无法调节的情况下，电视柜两侧还需放置高柜

如图 4-215 所示，在电视机两侧添置储物柜，既可保证视觉凝聚效果，又可增加储物功能。

图 4-215　储物柜可兼顾视觉效果与储物功能

由于现在电视柜的尺寸较小，宽度超过
2000 mm 的都很少，而用户家里动辄就是对
角线长 127 cm（50 英寸）以上的电视机，很
有可能会出现电视机大、柜子小的情况，搭配
起来会有头重脚轻的感觉。为了解决这一问题，
除了定制之外，还可以尝试一些组合模块家具。
如图 4-216 所示，这就是电视柜组合搭配的一
个实例。

组合家具最大的好处在于按模块搭配，无
论多大的电视机，都可以通过添置电视柜模块
来达成视觉上的平衡，如图 4-217 所示。

图 4-216　电视柜组合搭配实例

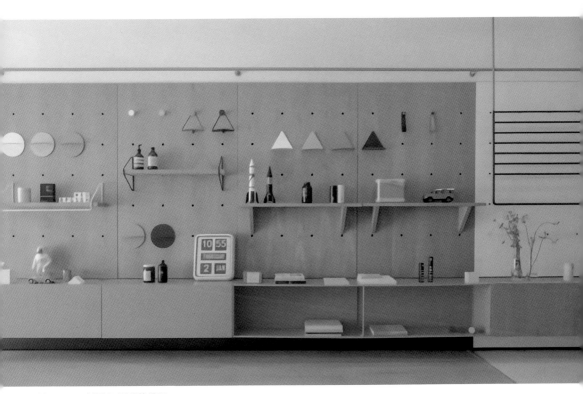

图 4-217　电视柜可按模块搭配

四、餐桌的选择

在餐桌上，无论是与一两好友聚餐、欢谈、交流，抑或读书、娱乐、工作，都是家庭生活的重要组成部分。身为设计师，在餐桌的选择上要考虑到相关的生活场景，如图 4-218 所示。

图 4-218　餐桌实景布置

餐桌的尺寸为三个点：宽度、深度和高度。图 4-219 中，1 为餐桌宽度，2 为餐桌深度，3 为餐桌高度。

由于这三个尺寸可以随机组合，造成市面上餐桌款式又多又杂。那么，如何在众多的款式中挑选出合适的餐桌呢？我建议从四个方面来考虑，也就是使用人数、生活方式、房间大小以及与餐椅的搭配。

图 4-219　餐桌的尺寸

1. 使用人数

现在设计师在为用户选择餐桌时很多时候只考虑使用人数，这点虽然没有错，但忽略了更为重要的一点，也就是用户的生活方式。由于用户习惯不一样，饮食偏好也各有不同，再加上用餐方式和器皿使用的不同，所需的空间也就各有偏重。

虽然每个家庭的生活方式不一样，对餐桌的大小需求也不同，但餐桌的生产却是有标准的，所以要根据常规餐桌尺寸配合用户的需求来选择。以当前国人的习惯来讲，一个人所需要的最小桌面空间是"600 mm×400 mm"，如图 4-220 所示。

单人用餐的桌面空间是宽 600 mm、深 400 mm，然后随着人数的增加，直接以尺寸复乘人数，这是最简单的计算方式。

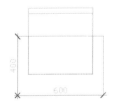
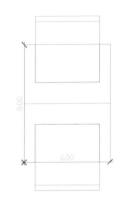
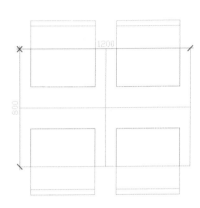

图 4-220　图中由左到右分别为 1~2 座、4 座、4~6 座

2. 生活方式

咖啡桌尺寸较小，一般为"600 mm×650 mm"，一般用在较为紧凑的空间里。咖啡桌可以用来放置零食、阅读或工作等，如图 4-221、图 4-222 所示。

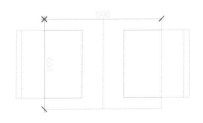

图 4-221　咖啡桌布置平面图　　　　　　　　图 4-222　咖啡桌实景布置

图 4-223、图 4-224 所示是在紧凑的客厅里用咖啡桌吃饭的布局实例。

图 4-223　紧凑客厅咖啡桌布局实例 1

图 4-224　紧凑客厅咖啡桌布局实例 2

图 4-225 所示是一个标准大小的双人餐桌，桌面尺寸为"800 mm×800 mm"，需要时可以加一把椅子成为紧凑的三人桌，如图 4-226 所示。

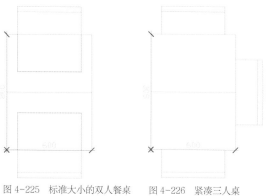

图 4-225　标准大小的双人餐桌　　图 4-226　紧凑三人桌

在实际应用方面，还可以选择可扩展的双人餐桌，方便应对各种突发情况，比如客人来访或举家团圆时，可以解决餐桌较小而客人无法安坐或者落座后空间拥挤尴尬的问题。同时，由于其具有较好的延伸性，女性和老人都方便使用，如图4-227至图4-229所示。

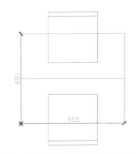

图4-227 可扩展双人餐桌平面图1

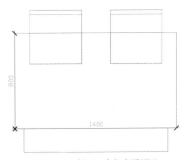

图4-228 可扩展双人餐桌平面图2

图4-229 可扩展双人餐桌实景布置

常规的四人餐桌，桌面尺寸为"1400 mm×800 mm"，加把椅子就可以变为五人桌，如图4-230至图4-232所示。

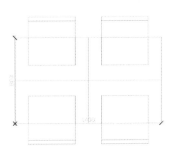

图4-230 四人餐桌平面图

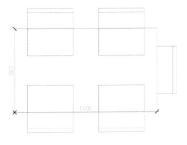

图4-231 四人餐桌可变为简单的五人桌

图4-232 四人餐桌实景布置

如图 4-233 所示，常规餐桌的高度一般为 760 mm，而图中的餐桌高度为 670 mm，比常规餐桌要低，这种类型的餐桌特别适合孩子使用。出于对孩子成长变化的考虑，桌椅还可以选择高度可调节的款式，如图 4-234、图 4-235 所示。

图 4-233　较低餐桌适合孩子使用

图 4-234　高度可调节的餐桌 1

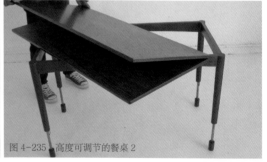

图 4-235　高度可调节的餐桌 2

如图 4-236 至图 4-239 所示，这种稍微低矮的餐桌，除了搭配常规的单人椅外，还可以搭配靠背长椅，达成 5 ~ 6 人的组合，这对于孩子来说安全性也更高。

图 4-236　低矮餐桌可搭配靠背长椅

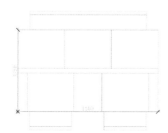

图 4-237　餐桌搭配靠背长椅平面图 1

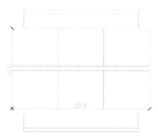

图 4-238　餐桌搭配靠背长椅平面图 2

前文中曾提到可扩展餐桌，此处对它再做一下详细展示。如图 4-240 至图 4-246 所示，在使用时掀起原盖板，取出储存在桌面下的扩展板，然后拉伸桌腿，将扩展板与原桌面放平齐即可。

图 4-239　餐桌一侧搭配靠背长椅

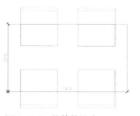

图 4-240　拉伸前尺寸

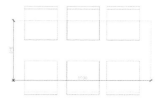

图 4-241　拉伸后尺寸

图 4-242　拉伸过程 1

图 4-243　拉伸过程 2

图 4-244　拉伸过程 3

图 4-245　餐桌拉伸前

图 4-246　餐桌拉伸后

4～6人餐桌桌面尺寸一般为"1800 mm×900 mm"，由于桌面宽大，放置四把椅子绰绰有余，如有需要，再补充两把也不会显得局促，如图4-247至图4-250所示。

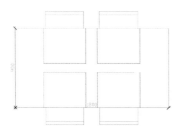

图4-247　桌面宽大，放置四把椅子绰绰有余

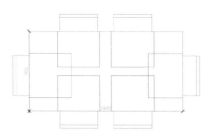

图4-248　宽大餐桌可增加两把椅子变为六人餐桌

图4-249　六人餐桌实景布置1

图4-250　六人餐桌实景布置2

3. 房间大小

一般来说，餐桌的桌面尺寸与房间大小成正比，下面以不同空间大小——举例进行说明。

图 4-251、图 4-252 所示为客餐一体化空间，面积约为 20 m²，空间使用主要是会客、用餐两个功能。

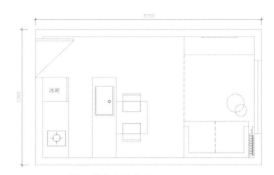

图 4-251　客餐一体化空间平面图

图 4-252　客餐一体化空间实景布局

图 4-253 所示的空间，用小巧的咖啡桌替代餐桌，既满足了日常功能，又解决了空间拥挤的问题。

图 4-253　咖啡桌取代餐桌实例

图 4-254 所示的空间，沙发放在餐桌旁边，没办法放置四人餐桌，因而改用可扩展方桌。除了日常使用之外，还可以在餐桌的一侧放置长凳，用于临时待客。

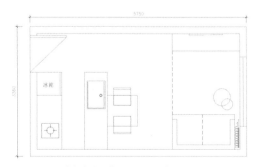

图 4-254　沙发旁边可使用可扩展方桌

图 4-255 所示的客餐厨一体化空间，面积为 35.9 m²，餐桌大小为"1300 mm × 700 mm"，长凳大小为"1200 mm×450 mm"，并且使用较矮的餐桌，可以体现更大的空间感。

图 4-256 至图 4-258 所示的起居室面积较大，是餐厨一体的设计，餐厅有部分归属于走廊。考虑到餐区的拓展性，在配置上使用了前文多次提及的可扩展餐桌，便于聚餐时进行充分延展。

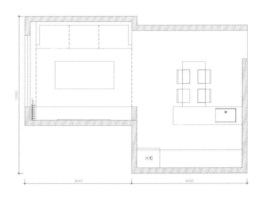

图 4-255　客餐厨一体化空间平面图

图 4-256　餐厨一体实景布置

图 4-257　餐厨一体空间可扩展餐桌拉伸前

图 4-258　餐厨一体空间可扩展餐桌拉伸后

4. 与餐椅的搭配

餐椅的合理搭配也是选择餐桌时需要考虑的内容，这里我将展示餐桌的类型以及一些餐椅搭配的案例。

如图 4-259 所示，高度为 760 mm 的餐桌为普通型，高度为 670 mm 的餐桌为较低型，高度为 630 mm 的餐桌为低矮型。

图 4-259　不同高度的餐桌

普通型餐桌的 760 mm 是成人常规的就餐高度，这个高度对于身高 1.6 ~ 1.8 m 的用户来说都能正常使用，如图 4-260 至图 4-264 所示。

图 4-260　普通型四人餐桌

图 4-263　760 mm 高的双人餐桌

图 4-261　760 mm 高的四人餐桌

图 4-262　760 mm 高的六人餐桌

图 4-264　760 mm 高的四人餐桌

高 670 mm 的较低型餐桌可以有效缓解空间的压迫感、拓展房间的空间度，同时配合有靠背的长椅，便于孩子就餐和学习，如图 4-265 至图 4-267 所示。

图 4-265　较低型餐桌配合靠背长椅便于孩子使用

图 4-266　670 mm 高的较低型餐桌

图 4-267　带靠背的长椅和 670 mm 高的较低型餐桌配合

当餐桌高度降至 630 mm 时，和沙发配合使用就变得极为舒适，适合工作和阅读，它的高度也更能凸显空间的宽阔感，如图 4-268 至图 4-270 所示。

另外，考虑到餐桌的美观性和实用性等，在选择可调节餐桌时，预算宽裕的用户可以尝试定制餐桌，预算紧张的用户则可以找专业的加工人员进行调整。

图 4-268　高 630 mm 的餐桌与沙发搭配

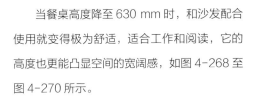

图 4-269　630 mm 高的矮型角几（咖啡桌）

图 4-270　630 mm 高的低矮型餐桌与单人沙发的组合

五、床的选择

在很多人的观念中，卧室主要就是床，而床多半就等于床架。的确，现实中床架占用了卧室的主要空间，是卧室的主要构成部分，但是不能简单地认为卧室放一架差不多的床就可以了。床的选择要与用户的生活方式相结合，要适合房间的尺寸，优化房间的布局，满足用户的使用需求。

关于床的尺寸，要明确三点：第一点是床高，取决于使用者的身高，要适合用户的站立、坐下等动作；第二点是床深，要适合用户在床上的活动；第三点是床宽，取决于使用人数和房间大小。

这三个尺寸点是设计师选择床的重要因素，它将影响整个房间的空间布局和用户的使用感，如图 4-271 所示。

图 4-272 中所标识的部分：1 为床板的高度和床身的高度，2 为床的深度，3 为床的宽度。

图 4-271　床的实景布置

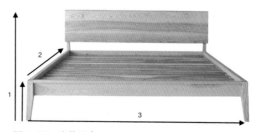

图 4-272　床的尺寸

1. 考虑床高

床的高度对房间的空间感有直接影响。如果是小型公寓，用户要求空间具有一定的通透感，那选择低型床是必然的；如果要求使用的体验感，那标准高度则是切入的方向。

普通低型床款式高度在 200 ~ 600 mm之间，可以有效增加空间的通透感。

如图 4-273 所示，床高 200 mm，加上床垫高度也不过 350 mm，将卧室空间的视野进行充分有效的延伸。

图 4-273　低型款式的床

标准型床含背板的高度一般在 600 ～ 1400 mm 之间，若不含背板、床垫的话，自身高度在 400 ～ 600 mm 之间。

图 4-274 所示的床含背板高 1350 mm，这种情况下，使用较高的靠背不仅可以拿来倚靠或满足睡眠所需的安全感，还可以用来平衡空间比例。

矮床不含床垫、背板的话，高度通常维持在 400 mm 以内。图 4-275 至图 4-278 所展示的即为市面上常见的一些矮床类型。

图 4-274　较高靠背可平衡空间比例

图 4-275　床高 120 mm，床垫可部分内嵌

图 4-277　床高 200 mm，床垫外置

图 4-278　床高 250 mm，含储物抽屉，床垫外置

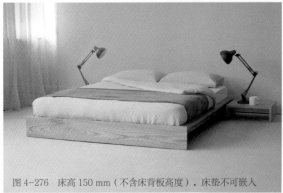

图 4-276　床高 150 mm（不含床背板高度），床垫不可嵌入

床的高度和站立的便利性密切相关。床垫安装后一般要高于 400 mm，这样无论是坐下还是起身都比较舒适；如果低于 400 mm，坐下之后难以坐直，起身也较为吃力。具体如图 4-279、图 4-280 所示。

图 4-279　床身加床垫高度在 550 mm，利于起身

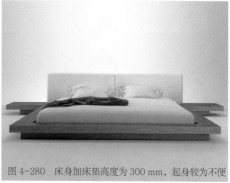

图 4-280　床身加床垫高度为 300 mm，起身较为不便

常规床的尺寸也有很多种，这里仅举几例，如图 4-281 至图 4-283 所示，设计师可以根据具体情况进行搭配使用。

图 4-281　常规床床高 550 mm

图 4-282　支脚床床高 470 mm

图 4-283　架子床床高 470 mm

2. 考虑床深

床的深度与生活动线是息息相关的。一般来说，卧室空间通常不是很宽，而床要占去较多的空间，所以床的深度对卧室动线的影响极为明显。下面将对此进行详细展示。

如图 4-284、图 4-285 所示，床的深度决定了床与墙之间的过道通行是否顺畅，比如图 4-285 里的过道（图中标号①）宽度，直接取决于床有多深。在同等空间的卧室里，床的深度越大，活动线就越狭窄；床的深度越小，活动线就越宽阔。

图 4-284　床深决定过道是否顺畅

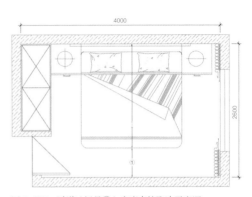

图 4-285　过道（标号①）宽度直接取决于床深

卧室不像起居室一样对活动范围要求较多，过道一般约有 500 mm 宽就能正常通行。如图 4-286 所示，房间总宽 2600 mm，床及床头深度为 2080 mm，剩余空间深度为 520 mm，活动空间仍然比较宽阔。

图 4-286　520 mm 的过道仍可正常通行

深度较小的床适合紧凑的布局。由于床垫在非定制的情况下长度均为 2000 mm，所以床的深度的最小极限只能和床垫等齐。如图 4-287 所示，这种类型的床没有床头，尺寸较窄。床头的倾靠问题可通过后期的靠枕解决。

图 4-287　没有床头的床

深度大的床在床头或床四周考虑了不同的需求，适合比较宽敞的卧室。如图 4-288 所示，质感密厚的靠垫可以满足倾靠这一需求，高耸的床尾能阻止床品的滑落，同时也明显增加了床的深度。如图 4-289 所示，床头做了一些储物设置，抽拉板可以方便地开启或闭合，由于该柜体的存在，床的深度增加到 2350 mm。如图 4-290 所示，该类型的床从功能上已经不再局限于满足睡眠这一件事了，还可以衍生出休闲、娱乐等功能。

图 4-289　床头可做储物设置

图 4-288　带床头板深 2240 mm

图 4-290　带床头板深 2600 mm

3. 考虑床宽

床宽与可用人数和房间大小息息相关。使用人数是从用户需求出发进行考虑，比如从单身到结婚，再到拥有孩子，不同的生活阶段对床宽有不同的要求。而房间的大小则从尺寸上制约了床宽的选择，这是因为床对空间的占据不能妨碍用户的正常起居。如图4-291所示。

床的宽度是供应商对大部分受众进行调研后总结出来的最适于大众的数据，然后大批量生产，既而形成固定尺寸的模板。所以从宽度上来说，床的选择较少。一般来说，单人床宽度在800～1300 mm之间，双人床宽度在1400～2000 mm之间。设计师在为用户做床类筛选时，要综合考虑房间大小和未来使用的人数。

图4-291　床对空间的占据不能妨碍正常起居

一般情况下，单人床与双人床的宽度差异在300 mm左右。常见的单人床宽度是900 mm，而最舒适的宽度是1200 mm，双人床最小宽度是1350 mm，如图4-292至图4-294所示。

图4-292　常见单人床宽度为900 mm

图4-293　最舒适的单人床宽度为1200 mm

图4-294　双人床宽度1500 mm

双人床也有宽松、紧凑之分。如图 4-294 所示，大人和孩子在一起的话，宽 1500 mm 就足够了，但如果是情侣的话，这个宽度就显得较为拥挤了，如图 4-295 所示。情侣想要舒服些的话，需要宽 1800 mm 的床，如图 4-296 所示。如果夫妻两人有了孩子且孩子暂时不能分床睡，那三人床至少需要 2000 mm 的宽度，如图 4-297 所示。当然，有条件的话，可以选择更大的床，床垫在非定制的情况下可以用美标的"2300 mm×2000 mm"的尺寸。

图 4-295　1500 mm 的宽度对情侣来说有些拥挤

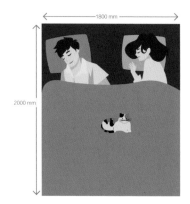

图 4-296　1800 mm 的宽度对情侣来说较为舒适

图 4-297　三人床至少需要 2000 mm

设计要以人为本，不能为了美观而不顾一切，也不能为了实用性而强填硬塞，更不能在不合适的空间不考虑尺寸而强硬地只按照需求去填满。因此，在考虑床位设置时，要保障通道的宽度和其他家具的空间面积。

第三节 色彩的把控

色彩中有 3 种原色、12 种主色以及 1600 万种可分辨的颜色。不同颜色会让人产生不同的心理效应，比如白色会给人纯洁、干净和光明的感觉，紫色给人高贵、优雅、正直和神秘的感觉，黑色给人成熟、权威和严肃的感觉，等等。同一个空间使用不同的色彩搭配，就会产生完全不同的感觉，这就要看设计师对色彩的把控能力如何了。

在应用层面上，单色简单易行，但家居空间中很少出现只有一种颜色的情况，总会有色彩组合。而一到色彩组合上，就很容易出现胡乱搭配的情况，效果常常惨不忍睹。其实，色彩的搭配是有一定的框架和规则的。

一、色彩基础

在了解色彩协调的规则前，让我们先看看通过颜色的变化，在空间内体现不同季节的效果，如图 4-298 至图 4-301 所示。

图 4-298 色彩体现春季效果 1

图 4-299 色彩体现春季效果 2

图 4-300 色彩体现冬季效果 1

图 4-301 色彩体现冬季效果 2

沙发套、地毯和靠枕套根据季节变化选择不同颜色，效果上给人的感觉截然不同，这就是颜色的力量。

1. 颜色的基本属性

在色彩科学中，颜色被分为彩色和无色。基于此，彩色被进一步划分出三个属性，也就是色调（色相）、明度和饱和度（彩度）。设计师可以通过三个属性的组合，比如正红和粉红、灰白和米白的搭配等，来达到想要的效果。无色指的是白色、灰色、黑色，既没有色彩，也没有色调和饱和度，只按明度等级来进行分类。如图4-302所示。

图4-302　色彩分类

颜色之所以各不相同，色调是主要差异点，此外还和亮度与饱和度相关。亮度是明暗的差异，饱和度是鲜艳的差异。即使色调相同，如果亮度和饱和度发生变化，颜色也会发生变化。这三个点是颜色产生差异对比的关键。这里举一个有彩色和无彩色的现场实例，如图4-303、图4-304所示。

图4-303　有彩色现场实例

图4-304　无彩色现场实例

现在一般把色调排列成一个协调的闭环，三种色系相互过渡，形成一个相互结合的整体，如图 4-305 所示，可以明显看出色调变化的情况。

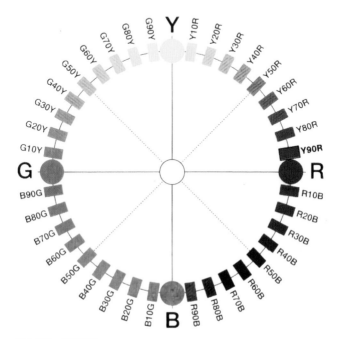

图 4-305　色调变化

如图 4-306 所示，饱和度（彩度）和亮度发生变化时色调就会发生相应的变化，设计师可以通过对这两个要素的调整来获取更多的颜色效果，突出颜色的力量。

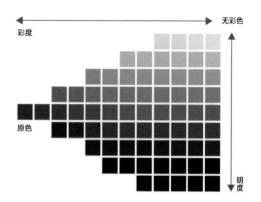

图 4-306　饱和度和亮度变化对颜色的影响

图中列出最左侧原色饱和度和亮度发生变化的状态的图标，可以通过降低原色的饱和度和亮度来看到色调的变化。

2. 颜色的心理效应

如图 4-307 所示，图中家具选用暖色系的颜色搭配，可以让室内空间在阳光的照射下显得更加温暖明亮，给人舒适惬意的感觉，这就是颜色带来的心理效应。这种心理效应会在很大程度上影响人的情绪。所以设计师在选色时可以从色彩产生的心理效应入手，参照不同空间的主要活动行为来选择颜色搭配，从而达到理想的效果，如图 4-308 所示。

图 4-307　暖色系颜色搭配

	颜色			图像的颜色		在室内使用的心理效应
红				激情、温暖、浮华、活跃	温暖的颜色	它具有活跃情绪和感觉温暖的效果。让人感到有动力。
黄				快乐、充满活力、充满希望	温暖的颜色	可以提高判断力和记忆力，在较为昏暗的地方使用，可以提亮空间。
绿茵				自然、新鲜、和平、休息	中性色	有放松效果，可以缓解紧张和疲劳，比较适合需要让人冷静的空间。
绿				冷静、智慧	冷色	感觉比较清凉。可以让人镇静，促进睡眠，也可用于旨在提高注意力的空间。
紫				高尚、神秘、辉煌、优雅	中性色	很早就成为较为高贵的颜色，可提高人的灵敏度并增强灵感。
茶				可靠、稳定、温暖	中性色	通常用于配件和家具。有同化和协调空间的作用，给人的感觉是稳定。
黑				奢华、尊严、庄严、黑暗	中性色	适合现代、简约的风格。可以很好地补充彩色。刺激性较小。
白				清洁、纯洁、无辜、神圣	中性色	与其他颜色兼容，通常用于天花板、墙壁。有让空间显得广阔的作用。

图 4-308　不同的颜色搭配有不同的心理效应

3. 颜色的空间效应

类似白色这种明亮的颜色被称为膨胀颜色，而深色则被称为收缩颜色。"膨胀"与"收缩"的意思是，明亮的颜色会让空间显得更大，深色则会让空间看起来比较狭窄。

图 4-309 的房间看起来比较宽敞，而图 4-310 的房间看起来比较狭窄，这就是由不同颜色带来的空间效应。

图 4-309　看起来比较宽敞

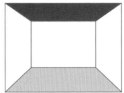

图 4-310　看起来比较狭窄

颜色不光有"膨胀"和"收缩"之分，还有"轻盈"和"重量"的差别。深色比较暗，会带有明显的压迫感，适合用在空间下层，可以适当削减压迫感；而浅色就比较弱，适合用在空间上层，如图 4-311 所示。

如图 4-312、图 4-313 所示，通过深色壁纸或沙发来收紧空间，让重色着地、轻色浮顶，扩大了上层的视野空间，凸显了下层的使用空间。这种明亮色和深色的搭配，让室内的空间安排显得更加协调。

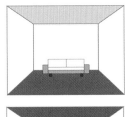

图 4-311　深色适用于空间下层，浅色适用于空间上层

图 4-312　明亮色与深色搭配使空间安排更协调

图 4-313　重色着地、轻色浮顶，凸显下层空间

4. 颜色的前后效应

除了上面说的区分，颜色还有"前进颜色"和"后退颜色"的差别。其中前进颜色主要为暖色，会给人以"目标就在眼前"的感觉；后退颜色主要为冷色，会让物体看起来距离更远。如果想将空间尽可能释放出来，可以在最远的墙上使用后退颜色，如图4-314所示；如果想要突出对象，拉近与它的距离，那么可以使用前进颜色来强调主体，如图4-315所示。

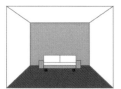 

图4-314　前进颜色与后退颜色，后退颜色可使空间释放出来

图4-315　前进颜色可强调主体

5. 颜色的图形效应

颜色搭配还可以形成一些图形，这样能有效改变室内空间感。

如图4-316所示，颜色搭配形成的垂直线条会拉伸空间，在视觉上让天花板显得更高；相反，横向的线条拓展的是空间内部的视觉效果，对天花板影响较小。

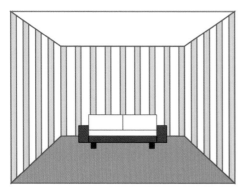 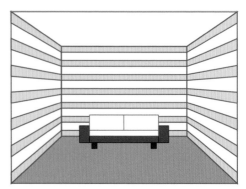

图4-316　垂直线条可拉伸空间，横向线条可拓展空间内部视觉效果

如图 4-317 所示，由于墙和右侧柜台之间的距离有点狭窄，所以使用带有水平线的家具，从而拉长空间距离感。

图 4-317　线条使用案例

二、色彩组合

关于色彩，除了上面提到的内容，还有更多的理论可以学习。这里总结了几个"小套路"，可以让初入行的设计师快速建立认知并掌握初步的实际应用方法——当然，要掌握更具体、深入的理论，还需要在今后不断加强学习。

1. 强调主题色，反复使用，遮蔽杂物

这样操作的好处有两个：一是容易操作，不用为每个区域或每种材质各自使用什么颜色、各区域衔接是否和谐而困惑；二是面对各种材料和陈设可以省却无数纠结犹豫，强调主题色还能使整齐感强烈，从而有效地克制杂乱问题。

设计进入生活之后，总有超出设计师预期的杂物。当杂物不得不出现在明面上的时候，就是杂乱的开始，在不能做出变更的情况下，统一颜色就是个不错的解决方法。颜色对人来说在视觉上本是一种较强的刺激，但是当做到颜色统一时，即使有再多的东西也会让人感到比较整齐。

出于对国内建筑环境的综合考量，卫生间、厨房一般可以选择高明度的色彩，比如亮黄、大红均可，如图4-318、图4-319所示；其他区域的颜色最好带些灰度，比如莫兰迪色，这样更容易营造高级感，如图4-320、图4-321所示。

图4-318　以黄色为主题色的卫生间

图4-319　以红色为主题色的厨房

图4-320　以莫兰迪色为主题色的客厅

图4-321　以绿色为主题色的客厅

2.使用"容错高"的对比色

对比色美则美矣，但比起强调主题色的用法，错误率更高。有些初入行的设计师在研究"一大波"互补色后，在面对实际情况的时候依然容易摇摆不定，不知该如何选择。其实在家居中，特别是在研究过家居流行色之后就会发现，有这样几个组合久盛不衰：

（1）红蓝配（图4-322、图4-323）

红蓝配特别具有现代艺术感，硬蓝撞正红是这个组合中难度最大的，这个可以暂时放过，改为从柔和的红蓝配出发，比如淡蓝和粉红。

图 4-322　以红、蓝色为主题色的起居室 1

图 4-323　以红、蓝色为主题色的起居室 2

（2）黄蓝配（图4-324）

黄蓝配不论是现代风还是复古风都能表现得圆融自如。其中明黄和正蓝搭配现代感满满，姜黄和灰蓝则能呈现完美的复古风格。

图 4-324　以黄、蓝色为主题色的起居室

（3）黄绿配（图 4-325、图 4-326）

要论清新，没有哪个组合能超过黄配绿，在相近的明度和纯度的情况下，扑面而来的清新感挡都挡不住。

图 4-325　以黄、绿色为主题色的客厅 1

图 4-326　以黄、绿色为主题色的客厅 2

3."低风险"进阶三色组合

一般来讲，设计师遇到三色需求的项目真的很少见。三色搭配的风险在于其比例和维护上，想要效果保持长久，考验的不光是设计师的色彩比例把控能力，还有对后期生活中收纳的考量意识。

低风险的三色组合比如"黄绿蓝"，由于绿色本是黄色和蓝色的过渡色，只要明度和纯度相同，可以说是风险最低的组合了，如图 4-327、图 4-328 所示。

关于颜色组合中比例控制的问题，可以按等级区分：

第一级系统包括墙面、地板在内的基础设施。这一级难度最大，涉及基础建材部分，墙面、地面、窗户的成本高，实物做出来和小样不同是很平常的事，要么是色差问题，要么是成本问题，或者技艺问题等。

图 4-327　以蓝、黄、绿色为主题色的客厅 1

图 4-328　以蓝、黄、绿色为主题色的客厅 2

以图 4-329 来讲，粉色的洗面盆是该图的亮点，但这个盆去哪儿找？找到类似实物，结果和预想颜色不同是大概率事件，再有就是造价的限制。

第二级系统包括沙发、茶几、电视柜等家具。这一级风险较低，也是在浏览其他作品时多见的达成方式，以沙发为核心，再选一件和沙发颜色对撞的小型单品。可以是同属于二级系统的沙发与椅子撞色；如果想要再简单些，还可以用二级系统中的一件家具与更小型的三级系统里多件小软饰对撞，即"二级 1+ 三级 n"搭配，如图 4-330 所示。

第三级系统包括窗帘、绿植、装饰画、抱枕、地毯等装饰品。这一级采用小件装饰品来呈现色彩，因为面积小，不太容易酿成大规模"灾难"，且进行更迭的话成本也不高，如图 4-331、图 4-332 所示。

图 4-329　粉色的洗面盆

图 4-331　"三级 n"搭配

图 4-330　"二级 1+ 三级 n"搭配

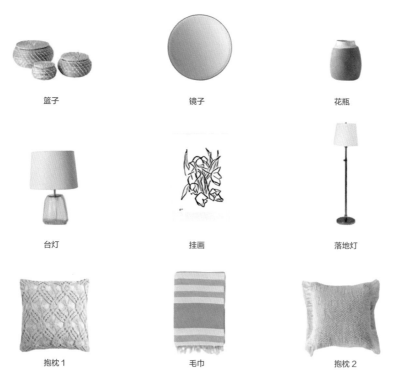

图 4-332 "三级 n" 中可能使用到的装饰品

三、色彩选取

1. 主题色

好看的颜色搭配数不胜数，色彩的主题又从哪里来呢？

首先从用户出发，只要是住宅空间，用户背景、职业爱好永远是第一优先级；其次是房间的功能，以此来设定空间的框架及色彩主题。

从用户来说，男性通常要表露的是理性、睿智、厚重、冷峻的气质，蓝色、灰色是该主题的主打色，用一些亮色点缀是该主题的万金油。女性则更多喜爱优雅浪漫以及展现新时代的独立自主个性，高明度的暖色是个好的方向，比如蒂芙尼蓝、爱马仕橙都是常用的选择。

小到一个空间，大到一个项目，主题色都是带有故事背景或内涵的，正如尖端的奢侈品都有相应的主题色一样。蒂芙尼蓝在西方传统中象征着圣洁，由于是知更鸟蛋壳的颜色，因而也被视为幸福之色。这是因为知更鸟的习性如一夫一妻制、共同筑巢、共同守护等，契合了人们对婚姻的美好愿望，所以在层层递进的联想下，蓝色知更鸟蛋就被欧美文化认可为两人相爱后爱情结晶的代表，象征婚姻和家庭幸福。这也是女性空间多用蒂芙尼蓝的原因之一。

2. 前景色和背景色

前景色和背景色是基于空间主题色的延伸。

空间是由六个面组成的，但人的视角并不能全部看到，人看到的每个视角都是由几个面组成的，这些面又有前与后、焦点与辅助之分。前景色通常承担视角中焦点的作用，常以纯度或饱和度较高的颜色为主；背景色作为焦点的辅助，纯度或饱和度较低，这样梳理空间时在感官上更为有序，也能彰显空间的层次感和灵动感。

若空间的重点是"内敛"，则前景色和背景色要用弱对比，这样更能体现其意境；若空间的核心是"生动"，则前景色和背景色要用强对比，这样更为灵巧。前景色和背景色切忌各自为政，主角太多会使整体变乱。

3. 色彩在六个面的表现

一般来说，色彩居于立面，颜色重心集中，向中间聚拢，空间动感最为强烈，如图 4-333 所示；色彩居于顶面，则重心下压，特别是用一些浓厚的颜色，层高似乎被压缩了；色彩居于地面，重心平衡，这也是人们在地面多用重色的缘故。

4. "a+b=c"配色

主题色确定了，前景色和背景色也选好了，那么一些小的辅助配色该怎么解决呢？

取前景色和背景色之间的过渡色是个不错的选择，也就是"a+b=c"。如果平时用过水彩就知道，两色混合会调出第三种颜色，最简单的比如黄红出橙、蓝黄出绿等。这样处理虽然没有激烈的碰撞，但也不会很平淡，效果更为稳妥，是一个不出错的方向。

图 4-333　色彩居于立面，颜色重心集中

第五章　室内设计师的成长之路

在整个设计行业里，室内设计师既不像建筑设计师名扬国内外，也不像时尚设计师那样艺术感爆棚。所以很多人对行业的发展感到迷惘。

作为已经在这条路上走了多年的人，我愿分享一些经验。不过限于篇幅，我将在这一章着重介绍室内设计师在成长之路上的一些关键问题，比如如何选择就业公司，如何创业，以及对本行业的一些思考和展望。

第一节　室内设计师择业中的问题

说起设计师择业（图5-1），想必刚出校门的学生都会比较迷茫，没有明确的方向，对工作环境、职业发展更是完全没有概念。一些有过实习经历的设计师，多少有点想法，但依旧会徘徊在对各公司的选择中。有过一两年经验的设计师会觉得去创业公司容易被"坑"，去大公司又担心成为"螺丝钉"，缺少存在感。

所以，一个设计从业者在择业及选择公司的时候，需要注意哪些问题呢？

一、择业中可能存在的问题

选择从来就不是一件容易的事，更何况在进行选择时，消耗的还是最宝贵的时间，所以能够针对情况进行快速准确的选择是一种比较重要的能力。要想快速选择，就要先了解选择时需要考虑的问题。那么，在择业中有哪些较为多见的问题呢？

图 5-1　漫漫择业路

①新人没有人带领。早期白板一般的新人刚进入行业时，如果刚好就职于销售类的装修公司，他们并不重视设计，甚至都没有相应的师傅来指引，这对想要成为设计师的新人来说是一个大坑。而且新人早期缺乏积累，需要通过一些具体的工作来培养相应的节奏感，在这个过程中需要具体的指导，如果所在公司不懂也不重视，那么新人就很难积累自己真正需要的工作经验，无法提升实际的工作能力。

②去大公司无法得到重用。去大公司没有错，但是要选择在合适的时机。如果你有两三年的工作经验，或者说有一项擅长的技能，并且处于高速发展的阶段，结果为了追求大公司的平台，进入一个极为成熟的公司，在森严的工作制度下，就很有可能会沦为寻常的"螺丝钉"。

③小公司没有发展前景。如果你已经从业 3 ~ 5 年，能够独立负责项目，而公司不靠设计也能正常经营，那么这个公司势必会影响你的长远发展。

设计师在选择公司时虽然会遇到很多类似的问题，但是只要职位适合你的发展与成长，就算公司可能存在一些问题，也可以考虑加入。

目前来说，市面上做室内装饰设计的公司大致分为两类，一类主攻设计和实施，另一类主攻营销和实施。在第二类公司中，设计师本身的存在更类似销售员的性质，通常要配合公司策划进行签单。而第一类公司里，设计师是主导，参与的内容特别多，对工作能力要求高，也算是对设计师的锻炼。所以，如果想认真去做设计，积累项目落地的经验，最好考虑第一种公司。

二、小公司与大公司的区别

对公司的选择有一种情况需要考虑，那就是要选择创业公司还是大公司。前面简单讲了一下怎样选择的问题，这里详细分析一下小公司与大公司之间的区别，只有在详细了解它们各自的特点之后，才好深入考虑到底要选择哪一种，见表 5-1。

表 5-1   大公司与小公司的比较

项目	大公司	小公司
优点	优质的平台（未来职业生涯的起跳板）； 可靠的业务规划（突然被砍的概率低）； 完整的职级、晋升体系； 职责分明、业务专精，较少存在一人多职； 更资深的前辈指导和成熟的团队（相对专业的导师）； 更专业的基本功培养（不论职场素质还是业务）； 更高的风险抵抗能力（突然失业的概率较低）； 相对丰富的文化娱乐活动、员工福利（好像参与的人也多）； 大公司的荣耀光环（亲朋好友的羡慕）； 项目预算相对宽裕	更灵活的升职加薪空间、更有弹性的薪资待遇； 更大份额的未来收益汇报（早期股权、期权）； 更简单的办公司关系和扁平化的汇报线； 有相对更多的机会去独立负责一整块业务或带团队（甚至是组建团队）； 更容易快速看到项目收益和成果； 有机会翻身成为新贵

项目	大公司	小公司
缺点	相对复杂的人际关系； 相对较慢的晋升制度（薪资、职级、带团队）； 容易出现人才两极分化（大格局的领跑者或螺丝钉）； 效率相对较慢（包括但不限于审批、流转等）	相对不够完善的晋升体系； 风险性较大（市场、业务规划、资金链）； 缺乏系统化、专业化的培养机制
条件	需要成熟的平台起点； 需要扎实的业务能力基本功培养； 需要稳定、低风险的工作和收入； 需要拿得出手的简历背景和项目经验	需要空间（包括但不限于加薪升职、业务发展、任命招聘）； 需要更快的成长机会（管理机会、做大盘子的机会）； 需要未来长期收益并且自带抗击风险能力； 想更轻松完成转型； 想快速做项目快速出结果
举例	年轻人（应届毕业生、1～3年还不能独当一面的人），需要进大公司打地基、做好起跳的准备； 工作比较久，但是履历不是很拿得出手，需要"洗背景"的人； 图求安稳、不喜欢冒险的求职者	职业发展中期，有较长的大公司经验，但是郁郁不得志、"水花"比较小的人； 创业思维的人（敢打敢拼有冲劲，思路广泛路子野）； 大公司里相对功成名就但是遭遇瓶颈期，一时半会儿没有解决办法的人

可见，小公司规则少，比较自由，一些项目需要独立负责，比较锻炼个人对项目的把控能力。在选择小公司时，要分析直属领导的能力，自己能否在他的带领下有所提升，并且在这里的工作处于何种地位，是否有发展的前途。大公司更多的是提供一个好的平台，让你认识到大公司的工作体系和规则，培养你的工作习惯、团队协作和处理突发问题的能力。选择大公司时，要考虑大公司的工作模式是否能让你完成自己最终的目标。

去什么公司取决于你在哪个能力阶段，人的进步取决于环境，大公司体系流程较为成熟，如果你刚刚入门，那么大公司是你打基础的好地方，是值得去争取的。

如果你在成长型阶段与成熟型阶段之间的瓶颈期（阶段相关内容见第一章第二节），那么就需要一个能独立负责项目的工作环境。由于大公司分配的资源一般难度较大，项目一旦由你负责基本不会从零开始，高起点、大视野下的难度直线上升，就算你勉强争取到，也很难把握得很好。而小公司面临的问题是起点低，失败成本低，得到的锻炼机会多，风险一般在于对团队的选择上。

总而言之，创业公司给你自由的空间，只要结果，不看过程；大公司则比较锻炼团队协作的能力。两者各有所长，可以根据你自身的情况来进行选择。但是如果你入职了大公司，两年内仍在同一岗位，职责没有进一步扩展，自身能力也没有突破的话，那么你就该反思了。

三、关于创业

从业几年的设计师，经常会看到周围的同僚一个个转身成了老板，自己也难免眼热心动，如果你也有创业的想法，可以根据第一章第二节的相关内容对自己进行能力评估，如果你的能力已经达到成熟型阶段，又处在专家型阶段的突破期，那么可以认真考虑一下创业问题。

我们可以从用户的终生价值、用户规模、获客成本、风险成本这四点来思考创业问题。

①首先是用户终身价值，它是由客单价、边际成本、购买次数组成的，有一个公式，即：

客户终生价值 ＝（客单价－边际成本）× 购买次数

其中客单价指的是一个用户在你这里购买一次产品或服务平均的花费。

边际成本指的是每多增加一个用户所增加的总成本。以设计举例，每多承接一个项目，就需要设计师投入长短不等的时间和精力来构思方案和解决需求。因此当需要尽可能降低完成一个项目所需的时间和精力时，就有承接更多项目的可能。

购买次数指的是一个用户在你这里重复消费的次数。

通过公式可以推出，客单价越高，边际成本越低，购买次数越多的产品或者服务，说明这个项目的盈利能力越好，它的项目估值就会越高。比如室内设计的上游房地产行业，虽然购买次数很低，大多数情况下，一人终身只买一套房，但是客单价非常高，几百万元到上千万元不等，所以，房地产行业的平均估值就比许多行业高出好几个数量级。

根据以上内容，结合过往项目的收入和投入，设计师可以对自己的情况进行评估。

②用户规模即最多可以获得多少用户，由市场总容量和市场竞争力决定。

无论创业后你自身是否还和设计相关，必定会进入某一个市场领域。要明确市场总容量，估算以你的能力能覆盖多少用户。这里的数据要不断拆析，全国的购房量是最粗的数据，其次具体到城市、人群等很多维度，最后得出你的占有数。这个数字越大，你的"天花板"就越高。

市场竞争力方面，要考虑创业方向上是否有领跑者。如果有的话，就要明晰有多少人在做以及进展的情况如何，进而估算自己的能力和资源，预计能否战胜或抢夺多少市场份额；如果没有的话，那么就要和用户竞争，因为你无法确定设计需求是否真的存在。如果人们意识不到有设计问题，就要对用户进行细心培养；然而有时费尽时间和心力培养好用户之后，对手也来了，这种情况就要考虑如何解决，特别是当对手吸取你的经验后，以更快的速度和你持平的情况下，就要进行良性竞争。

③获客成本即获得一个付费用户的成本是多少。

获客可通过线下拉人，也可以通过线上自媒体宣传，但成本都不低。线下需要人数覆盖（联想一下公司的销售才能占到覆盖人数的百分之多少）或广告覆盖，线上自媒体同样内容的采集撰写和运营维护都需要投入。那种百万、千万的流量真不是随便能有的，庞大的时间和精力投入并不比广告费用更低，同时还有着概率的问题。

所以要创业，先要学会花钱，花钱的逻辑也可以用一个公式来表示：

$$用户终生价值 - 获客成本 > 0$$

可见，创业中拼的就是用户终生价值，用短期的补贴带来长期的收益。一旦"大于"变成"等于"或"小于"，那就真的是在烧钱了。

④风险成本即项目失败后依然要付出或无法回收的成本。

依然以设计举例，不同的从业者对项目承接的方式不同，这样风险也不同。有的是和用户接触前已经做了一些准备，如果洽谈失败，那这部分时间和精力是无法回收的；有的是设置了一些门槛，这些门槛就是风险，可能会把用户拒之于门槛之外。

很多人创业，都更关注可能带来的收益，却并不怎么关注风险，更不知道该如何将这些风险转移出去，这样是极为激进和危险的。所以要创业的话，也要对风险的成本有一个预计。

除此之外，创业还要考虑以下几个方面：资金、人脉和能力是否储备完善，创业信念是否坚定，是否可以付出自己的所有时间和资源，能否承受失败的后果等。如果你对这些问题不太确定，建议你换其他方式参与，比如以合伙人、高级顾问等身份先了解创业的真实情况，等到时机成熟，再自行创业。

第二节　家居行业未来需要怎样的室内设计师

如今，室内设计在生活中体现的价值越来越明显，且权重占比越来越高。

随着大众审美水平的提升，以前的装修布置越来越难以契合市场的需求，传统的"设计师"越来越举步维艰，都在想各种办法寻求转型（图5-2）。那么，在未来的家居行业中，什么样的室内设计师才能适应市场的需要呢？

图5-2　面对未来的家居行业，室内设计师应思考自身定位和需要掌握的能力

一、"懂用户"的设计师

设计不是艺术行业，也不是时尚行业，而是服务业，一切要以用户为先。不顾及用户需求的设计是无法长久的，而用户

的需求需要挖掘，通过各种办法采集，比如交流、表单、场景描述和行为规划等，在这些日常行为中进一步去探究其产生的过程和原因，这样在设计落地后，带给用户的体验将会是无与伦比的。

图5-3　室内设计师应加强自身素质与能力，迎接新的挑战

用户得到高质量的体验后，必然会在周围形成传播，而现在用户自发的传播也是宣传的一种重要方式。从商业角度来讲，"懂用户"的设计师必然会受到公司的热捧。

二、"懂产品"的设计师

这里的产品是指各种解决方案中要用到的物件。在体察到用户需求后，如何解决需求便是关键的一步。比如采暖季的雾霾问题，解决雾霾问题可以通过新风加空气净化器的方式。但还要考虑国内用户经常开窗通风的习惯，开窗会使新风机和净化器空转，不利于设备长久稳定，还浪费能源。这时就该想办法解决新风和开窗相互冲突的问题，可以使用门磁、窗磁或者红外感应、雷达等智能设备来解决，这就需要设计师对产品足够了解，才能根据用户的具体条件来调整方案，而非直接打发给智能设备的供应商了事。

三、"把控细节"的设计师

室内设计的工作，还需要注重对细节的把控。在细节表现上，最常规的要求就是各种材料的衔接收口齐整和谐，再进一步则还可以做减法，比如过门石、地脚线、阳角线等都是可以减去的，至于如何减、需要哪些材料配合以及涉及的主材等问题，都需要设计师具有较好的细节把控能力才能做出适当的调整，在细节上诠释"简约不简单""简约不简陋"。

总之，室内设计师应不断加强自身的素质与能力，才能迎接未来新的挑战（图5-3）。以上，就是我对室内设计师未来如何发展的一点思考。

第三节　设计公司需要做哪些改变以适应未来的竞争

家居行业需要设计，更需要好的设计。

相对的是，如今行业内存在很多问题。不仅从业者对设计的概念极为模糊，行业内的认知更是分化严重。很多公司的决策者认为公司缺少厉害的设计师，但对设计师真正该起的作用却并不清晰，对设计师在团队中真正该扮演的角色是什么也并不知道。在这种情况下，决策者并不知道该如何去找一个"厉害"的设计师，对找来的设计师在公司是否起到作用也不清楚。

再有就是公司给设计师限定较高的销售绩效指标（KPI），让设计师每天为业绩奔波忙碌，这对于设计师来说不是好事，也不利于公司的长期发展，不仅会导致公司设计岗位快速流动，还会引发内部的协作配合等问题。所以，为避免这种情况的延续，需要行业管理者对设计师有更正确的认知。

同时，随着精装房政策的全面落地，基础工程的空间愈加渺小，传统的销售型公司已经越来越难以维持。那么公司如何在市场立于不败之地呢？以下是我对行业里设计公司未来发展的一些建议：

第一，公司要重视真正的设计师，而不是设计的销售人员。从目前的室内设计行业来看，太多的公司把设计师当作销售人员，设计师有没有设计能力不重要，能签约才是第一位的。对于公司来说，厉害的销售当然是稀缺资源，但设计师作为给用户提供服务的工作者，更重要的是要给用户提供良好的居住体验，这种体验不是殷切的电话问候、车接车送等面子工程就能达到的。在未来，用户对居住的体验要求会更高，需要设计师有足够的设计水平才能完成。所以公司应该及时转变想法，督促设计师提高能力。

第二，公司要清楚内部存在的问题，针对实际需要来招聘人员。公司储备人才没有错，错在认为有人就是万能的，企图以一人挡十面。要么高估入职者，要么低估现存问题，最后入职者只能混日子或被解雇，这样不仅浪费公司成本，对求职者职业生涯也极为不利。一个设计师再厉害也架不住公司的方向不定和实施人的漏洞百出。一人做一事，设计师解决设计的问题，施工方解决施工的问题，不要让设计方决定施工问题，施工方决定方向问题。

第三，为设计师的成长提供平台。设计师是个特殊工种，既无系统的课程教材，又无明确的规范限定，同时也不像销售那样有明确的成长路径。相比较而言，室内设计入行容易，但往上走就很困难。

前文中也提到过，室内设计作为建筑的相关专业，对结构、给水排水、机电、暖通、电气和监理等环节都要有一定的了解。这些技术性较强的方面还有系统的学习课程，但是涉及设计艺术方面，学习起来就比较困难了，设计师既要了解设计理念，又要不断通过实践来磨炼，同时还要经常沟通，表达自己的设计想法。而材料和工艺也随着时代不断发展，设计师还需要对不同方面的材料和工艺都有深入的了解，才能做好设计。

在这种情况下，一个新入行的设计师如果缺乏指导和建议，很容易迷失方向。那么身为企业管理者，能在这时候给予设计师更多明确的指引方向，对于设计师的成长和公司的进步都是有益的，效果也显而易见。

第四，高薪不等于能招到好的设计师。俗话说，"重赏之下必有勇夫"，不少管理者也很信奉这一点，认为高薪就可以迅速招来好的设计师。高薪对设计师而言是一件好事，但对于公司来说却未必。

一般来说，优秀的设计师在选择公司时，不会只考虑薪资水平，他们还会考虑工作是否能够发挥他们对设计所抱有的热情和信念，能否在工作上做出有效的成果。如果一个设计师只为薪水而工作，那么他的能力很可能会大打折扣。

第五，让优秀的设计师创造出足够的价值。身为管理者要清楚设计师的价值意义，再考虑是否给予信任。一个优秀的设计师往往是有想法的人，喜欢追求有趣的事情，公司要想发挥设计师的价值，就要先向设计师传递想法和理念以获得认可，然后再让设计师做出满意的项目。

最后，做一个总结：

作为一个对设计有"洁癖"的设计师，个人认为对设计师的职业信仰、处事原则和工作方法等讨论得再多，最后还是要回归到对"设计"的认知上。真正的设计师，需要清楚设计是什么，设计在你心中代表什么，然后再以此为中心构建职业价值观和方法论。

希望公司能尊重设计，把设计当成公司真正的核心。

希望公司的管理者和 HR（人力资源部门）能更了解设计，尽量避免在招聘或进行岗位规划时埋下太多"坑"。

希望公司能多关注初级设计师，给他们提供适当锻炼的机会。

愿室内设计行业越来越好，可以让更多有兴趣的室内设计师做出更有意思的项目和作品。

图书在版编目（CIP）数据

好设计是这样炼成的：室内设计师进阶手册 / 赵策
明著. -- 南京：江苏凤凰科学技术出版社，2019.5
ISBN 978-7-5713-0267-2

Ⅰ . ①好… Ⅱ . ①赵… Ⅲ . ①室内装饰设计 - 手册
Ⅳ . ①TU238.2-62

中国版本图书馆CIP数据核字(2019)第065113号

好设计是这样炼成的——室内设计师进阶手册

著　　　者	赵策明
项 目 策 划	凤凰空间/徐　磊
责 任 编 辑	刘屹立　赵　研
特 约 编 辑	徐　磊

出 版 发 行	江苏凤凰科学技术出版社
出版社地址	南京市湖南路1号A楼，邮编：210009
出版社网址	http://www.pspress.cn
总 经 销	天津凤凰空间文化传媒有限公司
总经销网址	http://www.ifengspace.cn
印　　　刷	天津图文方嘉印刷有限公司

开　　　本	710 mm×1 000 mm　1 / 16
印　　　张	13
版　　　次	2019年5月第1版
印　　　次	2019年5月第1次印刷

标 准 书 号	ISBN 978-7-5713-0267-2
定　　　价	69.80元

图书如有印装质量问题，可随时向销售部调换（电话：022-87893668）。